城市空间演化与调控

——机理解析与政策模拟

邓 羽 编 著

中国建筑工业出版社

图书在版编目（CIP）数据

城市空间演化与调控：机理解析与政策模拟／邓羽
编著.—北京：中国建筑工业出版社，2021.9
ISBN 978-7-112-26472-8

Ⅰ.①城…　Ⅱ.①邓…　Ⅲ.①城市空间－研究　Ⅳ.
①TU984.11

中国版本图书馆CIP数据核字（2021）第163525号

　　本书共8章，分别是：绪论、理论基础与研究进展、城市空间更新的时空格局与模式研究——以典型功能区为例、城市空间增长的时空格局与机制研究——以典型大都市区为例、城市空间演化管控政策的绩效解构方法与评析研究、城市空间演化管控政策的耦合情景模拟与评析研究、生态优先导向下城市空间演化的情景模拟与调控、结论与城市空间调控政策等内容。本书综合运用城市地理学、地理信息系统和景观生态学等交叉学科理论，采用定性分析、定量研究与空间模型计算相结合的方法，选用演化过程解析与耦合模拟的研究视角，对城市空间演化与优化调控进行综合性基础研究。

　　本书可供区域地理学、地理经济学等相关专业科研人员和大专院校师生使用，也可作为政府部门制定宏观规划战略的理论参考。

　　责任编辑：杜　洁　李玲洁　胡明安
　　责任校对：李美娜

城市空间演化与调控——机理解析与政策模拟
邓　羽　编　著
*
中国建筑工业出版社出版、发行（北京海淀三里河路9号）
各地新华书店、建筑书店经销
北京建筑工业印刷厂制版
北京建筑工业印刷厂印刷
*
开本：787毫米×960毫米　1/16　印张：7¾　字数：138千字
2021年9月第一版　　2021年9月第一次印刷
定价：**38.00**元
ISBN 978-7-112-26472-8
（37929）

目　录

第1章 绪 论

经历改革开放四十多年来的高速增长，我国城市铸就了辉煌的建设成绩，也正在遭遇严峻的空气污染和生态环境危机。自党的十八届三中全会作出全面深化改革的部署，提出"加快建立生态文明制度，健全国土空间开发、资源节约利用、生态环境保护的体制机制，推动形成人与自然和谐发展现代化建设新格局"以来，我国城市发展业已由外延增长式向内涵提升式加速转型，而形成一个规模有度、结构有序、人自和谐的城市空间既是聚焦重点，亦是以人民为中心的发展思路根本体现与基本遵循。

近年来，尤其是 2018 年《国务院机构改革方案》颁布实施及自然资源部国土空间规划局组建背景下，我国城市空间治理体系加速变革，也亟须对应提升城市空间治理能力与科学支撑水平。长期以来，人文经济地理学科运用地理学综合研究与系统认知的理论范式，在区域空间层级形成了资源环境承载能力评价与国土空间开发适宜性评价两类重大理论示范成果，对国土空间规划的范式变革与方法革新，乃至全国国土空间结构优化与精准调控产生了根本性影响。在国土空间规划改革和迈向联合国可持续发展愿景的时代背景下，聚焦到城市空间层级，亟须在城市空间增长边界划定、城市空间结构优化和可持续性城市空间调控等重要科学问题与政策诉求方面，准确回应一是如何科学认知城市空间演化过程；二是属性管控规模传导与空间用途管控等综合管控要求下，如何共同塑造城市空间；三是为了实现"美丽中国"与可持续性城市空间，将如何倒逼城市空间优化并通过合理调控方案以科学保障。最终目标是运用好规划这一重大政府资源，降低规划缺位、错位与失效风险，合理引导各类发展要素在城市空间层面集聚，科学构建城市空间调控方案来规避生态环境风险，进而形成规模有度、结构有序、人自和谐的城市空间。

因此，本书综合运用城市地理学、地理信息系统和景观生态学等交叉学科理论，采用定性分析、定量研究与空间模型计算相结合的方法，选用演化过程解析与耦合模拟的研究视角，对城市空间演化与优化调控进行综合性基础研究。以国内外城市空间演化、空间管控与管控政策绩效评估相关理论与研究成果为借鉴，在详尽剖析与把握城市空间演化的时空格局与机制的基础上，重点提出城市增长空间管控政策的耦合解构与耦合模拟方法，前者得以依序解构单一政策、组合政策及耦合政策的效应认知，后者得以耦合多维管控政策的城市空间增长情景模拟与政策评析，共同支撑了对生态优先导向下城市空间演化模拟与优化调控政策方案进行探索来规避城市发展风险，有着重要的科学价值、政策价值及其治理能力贡献，如下：

第一，其科学价值在于通过城市空间更新与增长的过程演绎与机理解析，完善了城市空间演化的认知框架；通过提出与运用多维管控政策的耦合解构与耦合模拟方法，探究政策绩效差异、传导机制与城市空间演化形成机理；在生态友好价值导向下，结合城市空间演替规律与分析框架把握倒逼出城市空间优化格局，并且准确把握科学保障的关键政策参数、组合调控方案与形成机理。

第二，其政策价值在于通过对城市空间过程、空间机理和空间目标基础研究，一是综合把握了城市空间管控的单一政策、组合政策以及嵌套政策实施绩效；二是形成了耦合综合管控的城市空间增长多情景模拟与政策调控模拟方案，为城市空间增长边界划定与城市空间结构优化提供科学支撑；三是运用综合政策工具发挥其政策绩效，构建生态友好价值导向下情景预判与优化调控方案。

第三，其治理能力贡献在于通过开展城市空间与优化调控的综合性基础研究，科学支撑事前科学"绘出蓝图"，执行中对新问题进行快速诊断并调优规划以竭力"迈向蓝图"，事后全面评估并优化调控引导以接续"实现蓝图"，以保障政府科学决策、科学调优、科学再构，以期科学提升我国空间治理能力并充分发挥治理体系与制度优势，形成源于基础研究、成于政府调控、汇于可持续城市空间的治理方案。

1.1　研究背景

（1）我国高速城镇化进程驱动了城市空间快速演化，并带来了不容忽视的资源环境问题。当前，加快推进新型城镇化与高质量发展必将合力引导城市空间持续演化。

改革开放以来，我国城市化进程高速推进。城市化水平由 1978 年的 17.9%增加到 2017 年的 58.5%，年均增长 1.04 个百分点；城镇常住人口由 1.7 亿人增加到 8.1 亿人，增长了近 4 倍。与此同时，我国的 GDP 也不断增长，跃居世界第二大经济体。快速城市化进程中，我国城市发展空间发生剧烈重塑。一方面，城市建设用地不断向外延伸、城市建设用地面积逐年增加；另一方面，城市空间更新的速度和频率也不断加快、拆迁步伐提速。近 30 余年以来的城市物质空间更新规模超过了以往 100 年。

剧烈的城市空间演化与重塑，引发一系列资源、生态、环境等问题。城市建设用地无序扩张使得城市蔓延现象明显，不少大城市都存在建成区人口密度偏低、城市用地集约利用效率低下、城市土地资源大量浪费等问题，一些小城镇甚至存在建设用地的扩张与社会经济发展脱节的现象，"空城""鬼城"频现。高强度的空间更新造成我国存量财富和资产的极大损耗，使传统城市文化风貌不断消退。据报道，北京市是我国建筑垃圾产生量最大的城市之一，有近 70% 的公共建筑和住宅建筑平均寿命仅 30 年，远远低于我国现行国家标准《民用建筑设计统一标准》GB 50352—2019 的规定和欧美国家的平均使用年限。除此之外，城市雾霾、交通等问题严重，也成为制约我国城镇化可持续健康发展的因素。

《国家新型城镇化发展规划（2014-2020 年）》明确提出要优化城市空间结构和管理格局，极力遏制城市边界无序蔓延，防止新城新区空心化。新一轮的城镇化建设将更加注重城镇化质量，强调城镇化与资源环境相协同、与资源环境承载力相匹配，以破解城镇化的生态环境风险并实现高质量发展。城市空间将会在推进新型城镇化与高质量发展的合力驱动下持续演化。

（2）我国城镇化进程存在非均衡性，城市空间演化模式具有区域异质性，迫切需要系统认知城市空间演化并予以合理调控。

我国东部沿海地区率先开放发展，形成了京津冀、长江三角洲、珠江三角洲等一批城市群，有力推动了东部地区快速发展。目前已经全面进入挖掘存量建设用地潜力、全面提升土地利用效率的城市空间更新时期。但与此同时，中西部地区发展相对滞后，城镇化水平偏低，城市发育明显不足。面对这一现状，《国家新型城镇化发展规划（2014-2020 年）》提出，要"优化提升东部地区城市群""培育发展中西部地区城市群""加快培育成渝、中原、长江中游、哈长等城市群，使之成为推动国土空间均衡开发、引领区域经济发展的重要增长极"，这给我国中西部城市尤其大中城市、城市群带来了新的发展契机，其城市空间也将迎来新一轮的增长。

此外，不仅存在旧城改造、老旧小区、城中村、早期工业区等需要进行更新的传统城市空间，而且随着城市发展空间的扩张，还存在着城市边缘区、新城、开发区等需要管控城市增长边界的新型城市空间，这些异质性空间共同交织，构成城市空间演化的复杂系统，迫切需要对其进行系统认识，以把握城市空间演化过程、机制并合理调控。

（3）我国城市空间演化的管控政策体系逐步完善，法律地位与实践力度持续提高，而新时期国土空间规划改革更将对城市空间有序演化产生重要影响。

长期以来，我国形成了横向和纵向城市增长管控体系，在指导空间开发方向、重点与强度方面起到了积极作用。进入 20 世纪 90 年代以来，尤其是 2000 年以后，随着垂直衔接性、水平协调性与法律保障程度的提升，管控政策体系在指导城市增长方面的地位逐渐受到重视，对城市有序增长产生了越发重要的影响。近年来，尤其是在 2018 年《国务院机构改革方案》颁布实施及自然资源部国土空间规划局组建背景下，我国城市空间治理体系加速变革，城市空间已然成为实现发展规划的目标与战略框架并落实国土空间规划中若干重大要素空间映射的最关键载体，并在"美丽中国"与可持续性城市空间构建驱使和属性规模管控、空间用途管控共同管控要求下，对城市空间增长边界划定、城市空间结构优化和可持续性城市空间调控等科学与政策问题产生重大变革诉求，将对城市空间有序演化产生重要影响。

1.2　研究意义

（1）科学认知城市空间演化格局与过程，有助于全面把握城市空间演化规律并实现空间有序。

在城市空间影响新因素持续耦合与复杂机制驱动下，城市空间经历了规模快速增长，产业空间、居住空间、公共空间等新型空间要素不断涌现，空间结构多中心化、空间形态破碎化等格局与演进过程。与此同时，城市空间管控的政策效应初显，而单一的刚性管控措施往往造成空间发展失序。因此，通过科学认知城市空间演化格局与过程，系统解析城市空间演化的影响因素，综合判别城市空间演化的驱动机理，有助于全面把握城市空间演化规律，为完善多元化、科学化、统筹化的城市空间演化理论提供论据，并科学支撑实现城市空间有序。

（2）科学认识与定量甄别空间管控政策的实施绩效，将对制定合理的城市空间调控方案具有重要的参考价值。

"线状"交通线路设施建设通过改变城市可达性来引导城市空间发展演化。

西方学者在细致梳理城市交通基础设施对空间增长影响作用的基础上，指出随着
"线状"交通线路设施的发展与空间布局引发城市经历了由"步行城市"演化到
"公交城市"直至最终"汽车城市"的过程，城市空间也由单中心、星形向多中
心形态演变。与"线状"交通线路规划的空间引导作用不同的是，"面状"空间
分区管控对城市空间增长具有强制性管控作用，而"点状"交通设施布局将引起
临近城市空间在产业链更替、空间利用强度以及空间演化形态维度的加速演进。
然而，城市空间管控政策往往是复杂"嵌套"于同一城市空间，既有绩效评估往
往是对空间管控政策集"嵌套叠加"后的总体把握亦缺乏定量分类甄别。因此，
科学认识与定量甄别空间管控政策的实施绩效，对制定合理的城市空间调控方案
具有重要的参考价值。

（3）科学认识大都市区和典型功能区的空间演化过程与管控政策绩效，将为
处于不同城市发展演进阶段的因地制宜的空间调控方案提供重要决策支撑，有助
于提升我国城市空间治理能力并实现美丽中国梦。

当前，中国各地区的城市化进程存在非均衡性。在城市化与工业化加速发展
的地区，新城、开发区等城市发展新的地域空间相继崛起；处于城市化与工业化
中后期的区域面临城市功能更新与空间重构的需求。同时，城市空间治理领域
正在推进国土空间规划改革，而实现一个区域、统一空间、统一规划的关键正
是在明晰城市增长各类空间管控政策绩效的基础上，科学配置空间调控方案有
序映射至"一个空间"。因此，城市空间演化与优化调控研究具有必要性与紧迫
性。以轨道交通站域、开发区等快速空间更新的功能区及北京、深圳等快速空
间增长的大都市区为例，科学认识其空间演化过程与管控政策绩效，把握城市
空间演化规律与优化调控方案，将为处于不同城市发展演进阶段的因地制宜的
空间调控提供重要决策支撑，有助于提升我国城市空间治理能力并实现美丽中
国梦。

1.3　研究框架与方法

1.3.1　研究框架与主要内容

本研究借助空间统计平台与数理统计工具，采用定性分析、定量研究与空间
模型计算相结合的方法，选用演化过程解析与耦合模拟的研究视角，对城市空间

演化与规划管控效应进行综合性基础研究。以国内外城市空间演化、空间管控与管控政策绩效评估相关理论与研究成果为借鉴，在详尽剖析与把握城市空间演化的时空格局与机制的基础上，重点提出城市增长空间管控政策的绩效解构方法，并且依据单一政策、组合政策及耦合政策效应的系统认知，开展耦合多维管控政策的城市空间增长情景模拟与政策评析，进而对生态优先导向下城市空间演化模拟与优化调控政策方案进行探索来规避城市发展风险。研究思路见图 1-1。

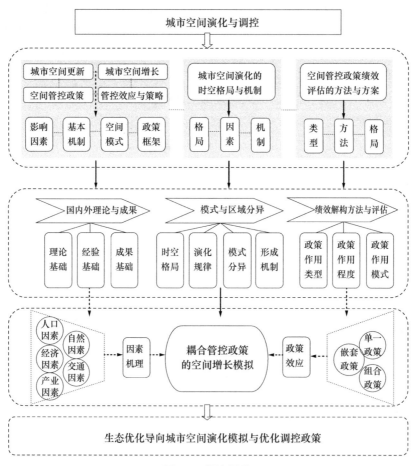

图 1-1　研究思路

（1）国内外经验借鉴与理论建构

全面总结国内外城市空间演化、空间管控与管控政策绩效评估的相关理论与研究成果，梳理城市空间演化的影响因素与机制，归纳城市增长管控政策的基本类型，探讨城市增长管控政策绩效评估的基本方法与实施方案，从而为本次研究奠定理论与经验基础。

（2）城市空间演化的时空格局与机制研究

一方面，以典型功能区为例，长时间序列解译城市空间更新的基本变化过程，凝练城市空间更新的演替规律与组织模式，进而对城市空间的多要素耦合与演进的格局、模式、空间组织和影响机制进行探讨；另一方面，在综合构建城市空间增长模型的基础上，定量把握城市空间增长的基本特征、时空格局与模式，总结城市空间增长的基本机制，进而透视与评析当前城市空间增长模式与管控效应。

（3）城市空间演化管控政策的绩效解构方法与评析研究

构建用于阐释城市空间演化的耦合空间管控政策的全要素逻辑斯蒂模型，在定量分析城市空间演化影响因素与驱动机制的基础上，重点剖析空间管控政策在城市空间更新与空间增长管控方面的作用绩效，进而提出基于系统比对法与空间计量模型得以依序剥离面状管控政策、线状管控政策与点状管控政策的绩效解构方法，形成一套城市空间增长管控政策绩效评估方案。

（4）城市空间演化管控政策的耦合情景模拟与政策评析研究

综合考虑数量管控、土地差别化管控和土地利用分区管控等三类城市空间管控政策，进行耦合管控效应的城市空间布局多情景模拟，并对不同政策组合管控下的模拟结果进行比对，进而评析各类城市空间管控政策。

（5）生态优化导向城市空间演化模拟与优化调控政策

通过特定区域的生态系统功能、服务的差异化度量与综合认知，遴选关键的区域生态系统功能及服务指标，以关键生态系统功能、服务值损失量最小为总约束，同时在兼顾城市空间增长潜力规律的基础上，根据城市空间增长总规模、年度规模、变化趋势等信息设定若干种城市空间增长情景，模拟出主导生态功能最优的不同城市空间增长情景的优化增长格局并进行政策评析与优化调控。

1.3.2　研究方法与技术路线

本书采用借鉴国际经验与我国国情相结合、内业多源数据与外业调研相结合、数理统计分析与空间分析相结合等技术思路，来解决本书的关键问题。具体研究方案的技术路线如图 1-2 所示。

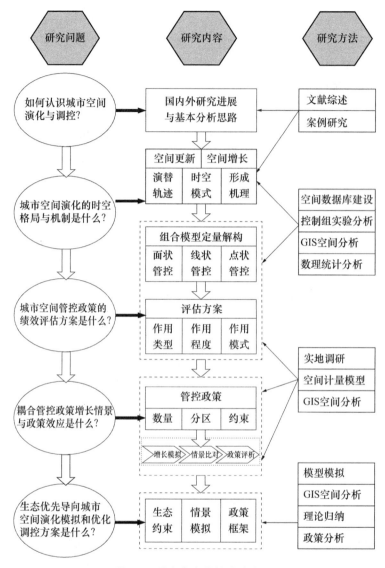

图 1-2　研究方案的技术路线图

　　第一步：采用文献综述与案例研究方法，从经典理论入手，分别对城市空间演化机制、空间管控与管控政策绩效评估以及调控政策与策略进行梳理，探讨城市空间管控政策绩效评估的基本理念与主要方法，梳理城市空间管控政策的作用类型、作用程度、作用模式等绩效评估内容与具体实施方案。完成第一部分内容。

第二步：综合运用土地利用数据、实地调查与深度访谈等多种方法，以轨道交通站域、开发区等快速空间更新的功能区为例，判别、回顾并解译城市空间的基本变化过程，凝练城市空间的演替规律与组织模式，进而对城市空间的多要素耦合与演进的格局、模式、空间组织和影响机制进行探讨。其次，构建基于矢栅一体化综合交通可达性的城市空间增长模型，定量把握城市空间增长的基本特征、时空格局与模式，进而透视与评析当前城市空间增长模式与管控效应。完成第二部分内容。

第三步：运用土地利用数据、地理国情数据库、经济普查数据、人口普查数据、历史典籍、3S技术与大数据等多源数据，建立案例区城市空间管控政策绩效解构方法研究的属性空间一体化数据库。基于耦合空间管控政策的全要素逻辑斯蒂模型，定量分析案例区城市空间演化的影响因素与驱动机制，重点剖析空间管控政策在城市空间更新与空间增长管控方面的作用绩效，进而提出基于系统比对法与空间计量模型得以依序剥离面状管控政策、线状管控政策与点状管控政策的绩效解构方法与评估方案。完成第三部分内容。

第四步：主要采用元胞自动机、GIS空间分析相结合等方法，综合考虑数量管控、土地差别化管控和土地利用分区管控等三类城市空间管控政策，建立耦合空间管控政策效应的元胞自动机模拟模型，并进行城市空间布局多情景模拟，并对不同政策组合管控下的模拟结果进行比对，进而评析各类城市空间管控政策。完成第四部分内容。

第五步：采用生态系统服务测算与城市空间增长模拟相结合的方法，通过遴选关键的区域生态系统功能及服务指标，以关键生态系统功能、服务值损失量最小为总约束，同时在兼顾城市空间增长潜力规律的基础上，模拟出主导生态功能最优的不同城市空间增长情景的优化增长格局；采用理论归纳与政策分析等方法，评价现有城市空间增长管控政策的实施绩效优劣，提出生态优先导向城市空间增长管控的优化调控政策框架。完成第五部分内容。

本章参考文献

[1] 方创琳. 城市多规合一的科学认知与技术路径探析. 中国土地科学，2017，31（01）：28-36.

[2] 黄晓军. 我国城市物质空间与社会空间规划的整合研究. 中国地理学会（The Geographical Society of China），2009.

[3] 周春山，叶昌东. 中国城市空间结构研究评述. 地理科学进展，2013，32（07）：1030-1038.

第2章 理论基础与研究进展

　　围绕城市空间演化与调控研究进行文献综述，主要包括了城市空间增长与规划管控效应研究两大部分。首先，城市空间演化主要包括了城市空间更新与城市空间增长两类演化模式，分别主要从其演化时空格局、演替模式、影响因素和形成机理等方面进行梳理；其次，规划管控效应研究内容包括空间管控政策体系以及政策绩效评估，主要从空间管控政策变迁、绩效评估理论基础、评估维度与评估方法等方面进行梳理，有助于全面认知城市空间演化机制和建构管控绩效评估方法与调控方案，从而完整形成本研究的理论支撑与研究内容。

2.1 城市空间更新的相关进展研究

2.1.1 国外城市空间更新研究及对中国的启示

　　随着资本主义萌芽与资产阶级的发展壮大，以家庭经济为中心的封建城市结构受到严重冲击，城市空间进行了不同规模的改造和推倒性更新。以大工业区、交通运输区、仓库码头区、工人居住区为代表的城市生产生活空间大规模出现，同时伴随着贫民窟滋生、交通拥挤、商业机构集聚以及环境日益恶化。工业革命中后期，在物质财富不断丰腴的同时，诸如住房紧缺、就业困难、环境恶化等社会问题与矛盾逐步暴露出来。为了有效解决和规避这些问题，引导城市空间结构的良性发展，先后提出了田园城市、卫星城理论、有机疏散理论等城市发展理论与由此衍生的若干城市更新模式，从而对人口集聚、产业集群进行有效的空间功能分区。在第二次世界大战后，西方在城市百废待兴的情况下对空间实施了宏伟的城市重建计划（Urban Reconstruction），主要目标是改善住房和生活条件、对内城区土地进行置换、开发郊区以及美化城市景观等。许多城市拆除大量的老建筑，取而代之各种标榜为"国际式的"高楼，城市特色消失。20世纪70年代以来，由于人口与产业的过量集聚带来的城市问题不断加剧，加上战后西方各国人民的生活水平随着经济重建而得到显著改善，在交通通信设施的巨大进步与空间引导下，人们开始追逐城市郊区高质量低密度的生活空间，促成了城市郊区城市化进程。于是，力求根本解决内城建筑物质性老化和城市社会、经济结构衰退等问题的内涵式城市更新政策应运而生（Urban Renewal），随之成为城市空间改造和社会、文化和公共政策复合研究的热点。随着 20 世纪末网络信息和电子通信等高新技术的飞速发展，以新产业的项目密集组织形式或者混合制造业和服务业的复合经济逐渐成为推动大都市区内城复兴和工业用地更新的重要力量。同时，以提升文化主题为导向的城市更新活动的大量开展，包括对原有工业建筑转化为娱乐休闲、特色餐饮、艺术展示等功能置换形式的再利用以及大型旗舰式更新项目的开发（Urban Redevelopment），来重塑城市形象。随着城市社会公平和环境可持续等多元化更新理念日益受到重视，从而对城市空间更新的尺度、规模、方式以及参与主体的选择产生了深刻影响，城市开发进入寻求更加强调综合和整体对策的城市再生阶段（Urban Regeneration）。近年来，全球气候变化及其威胁论甚嚣尘上，紧凑城市建设、基础设施更新以及气候友好式的社区组建等城市更新方式被视为有效的应对与适应策略。

　　总体看来，国外城市空间更新研究主要集中在更新背景、更新模式、更新机制及调控策略方面，且都具有鲜明的时代特征，其更新模式和实施效果也深受国际主流思潮与地方制度文化、社会经济及环境条件的影响。从城市地理学角度来审视此类研究成果，主要从城市空间视角论及城市发展演化与重构过程，丰富了以新古典经济学、土地经济学、生态经济学等学派为代表的城市竞租理论。很显然，这些成果对于研究中国城市空间演替与更新模式问题具有很重要的参考价值。同时，由于主要是基于完全市场经济条件，在中国独特国情条件下参考时也会具有局限性。

2.1.2　城市空间的演替轨迹与空间组织

　　在中华人民共和国成立初期的特殊历史条件、以公有制为基础的支配性权力关系、对苏联城市发展模式的效仿以及几千年来传统的家族制度等的共同作用下，以单位制为基本空间单元成为中华人民共和国成立以来城市空间构成的基本模式，提供工作空间、居住空间、生活空间和教育文化卫生等设施空间。在变"消费性城市"为"生产性城市"的城市建设方针下，城市空间的发展演替源于众多以单位为形式的工业企业在城市中大量布局，并受单位性质、空间区位、所控资金、土地用途等综合影响。改革开放以来，尤其是城市土地市场、就业制度、住房分配制度和单位福利制度改革全面深化落实以后，位于城市中心区的工业、仓库、居住用地转变为土地收益率更高的商业、办公业以及 CBD。老城区的服务业业态通过产业内部调整、通达性提升以及经营环境改善等城市更新方式来对城市居民保持较强的吸引力。与此同时，中心城区的地价高而开发强度大，在空间方面就体现在建筑高度的增加，而且出现多类产业共存的综合空间。大量工业企业向地价较低的郊区迁移，主要在近郊区崛起了各类开发区，总体空间格局呈现出大都市区尺度上的扩散以及开发园区尺度上的再集聚特征，高新技术制造业的空间集聚程度更高。为了适应外部环境变化和摆脱自身内在缺陷，先发地区的开发区相继展开"二次创业"，逐步由功能单一的工业园区向功能完善的综合新城转变。伴随着旧居住区更新改造、住房郊区化以及住房商品化带来的消费需求分异，解困小区、安居工程与高档别墅区也在近郊区逐步兴起。商业郊区化主要以开分店或者连锁店等形式来体现，但其配套建设步伐往往落后于居民生活和城市发展的需求。城市边缘区土地被大量征用，原有农村聚落为城建用地所包围或纳入城建用地范围，"城中村"应运而生，并逐步被中高档社区或者商业综合体取而代之。城市化的发展带来了对城市空间的多样化需求，大量公园、广场、新型居住区、生态旅游区、大学园区等纷纷出现以满足城市化快速发展带来的各种城市空间需求。随着中心城区"绅士化"进程的加速，中心城区高档房地产"绅士化"社区得以迅速形成。在新兴文化、参与主体和可持续发展理念的城市更新策略下，就再开发途径而言，城市低效利用土地和旧工业建筑可置换为个性化和社会化的城市公共空间、城市绿地以及发展文化创意经济的城市休闲娱乐场、大型零售购物业态、特色都市新产业集聚区等。城市重大事件的重大影响还体现在它作为城市建设和发展的"助推器"，可以刺激和引发一系列的后续开发，促进城市结构持续与渐进的改革，其中突出的作用是触发新一轮的城市更新。

2.1.3　城市空间更新的空间判定方法

城市空间更新的识别方法与成果是空间演替轨迹、更新模式以及建筑资产损耗评估的基础。自 20 世纪 90 年代城市更新大范围兴起之始，研究者们主要采用普查数据、问卷调查、外业访谈等方式对城市商业空间演化、住宅空间更替以及工业空间再开发进行案例研究。随着遥感和地理信息系统技术的发展，基于高清遥感图像和土地利用数据的内外业结合的研究方法被广泛应用，有效扩大了城市空间更新研究的空间尺度，并将城市空间功能转变的单一平面研究推向空间高度、容积率和资本密度变化等的综合三维研究。以基于位置服务个体时空数据为代表的"大数据时代"来临，为正确识别与理解城市空间更新提供了更为便捷的渠道，部分克服了典型调查工作量大和微观样本不足的缺点，将不断丰富和有效完善空间更新的识别方法。

2.1.4　城市空间更新的影响因素与机制

第二次世界大战以后，以房地产业作为管理宏观经济和推动区域发展工具已逐步成为欧美国家的主要城市发展政策。依赖企业和城市发展公司等私营部门的房地产业确实为城市发展提供了充足驱动力，但其往往仅注重纯粹的物质更新和土地级差带来的巨额利润，忽视了城市整体经济和社会更新的基础，鲜有对城市体系的物质和经济更新贡献。房地产为导向的城市空间更新强调住宅生产、资本、供给的重要性，从而引发了以绅士化为代表的社会经济空间重构现象，而中产阶级群体消费、文化、需求的新变化又驱动着城市空间更新。中国城市更新与西方是异源同质的，西方城市更新研究对中国具有重大的借鉴意义。当然，中国以城市空间更新为载体的社会空间重构与深层次的政治经济变化相联系，有着深远的政治、经济、社会和空间的影响。在政府的主导和积极推动下，通过推行土地和住房改革、提供优惠的城市更新政策以实现大规模的城市更新。此外，市民的择居观念与行为等也是推动南京城市绅士化发展的主要动力，而成都市的绅士化运动也受开发商的推动和居民个人意愿的综合诱导。同时，城市重大事件的影响可以刺激和引发当前和后续开发，促进城市结构持续与渐进的改革，触发更大区域的城市更新。城市空间的区位特征及其复合的城市经济、社会、环境和文化功能在以上影响机制和因素的共同作用下，将产生独特的空间演替轨迹和时空演化模式。

2.1.5　城市空间的更新模式

从城市空间更新的拆迁方式来看，中国建筑更新具有明显的全域化拆毁重建特征，上海拆迁规模比美国城市更新时期所有城市的拆迁规模还要大；也兼具通过小范围改变空间功能的"空间修复"方式，如对旧城区的小范围改造的部分更新，同时开始了对国内老工业地区综合更新策略的思考。从空间更新的组织管理模式来看，逐步从政府为单一中心的治理模式，到政府统筹下的多主体参与模式，以至于向多中心治理演化。从空间更新的产业链变化来看："土地置换""退二进三"等产业结构调整促成的城市中心区 CBD 等功能演化形成；伴随工业、居住以及教育行政职能的"边缘化"，使城市的中心商务区的结构功能得到大幅度增强，高档次的第三产业进一步向市中心聚集，不仅使传统商贸功能日益增强，而且信息、证券、咨询等现代高级服务业迅速发展，使城市的综合服务功能不断强化。采取加大土地开发强度的政策，增加建筑密度，开发商住混合楼等功能多样化空间。从空间更新的搬迁重建方式来看：外围置换经过国家征用、异地安置搬迁以及工业进园等措施在空间上被置换成城市用地；老城内居住区被大规模改造和重建，部分老城区重建成现代化居住区。从空间更新的次数来看：为了追求短期经济效益而导致对城市资源进行过度的破坏性开发，部分区域的建筑面临着不止一次拆除。

2.1.6　城市空间更新的建筑资产拆损

城市空间更新致力于提升城市经济活力与城市吸引力，包括对城市特定区域的拆迁、改造、投资和建设，其中必然伴随着建筑物的拆损。建筑资产拆损不仅因为建筑物质性老化，更是由于城市社会经济重构和流动性增强所造成的结构性老化。多数城市都以老城改造、基础设施建设、新区开发等形式存在着巨大的建筑拆损量。从 1990 ～ 1998 年，北京共 420 万 m^2 旧城住房被拆除。区位优越的中心地带建筑拆损后优先置换为商业办公设施和中高档住宅，城市外围地区的经济适用房、开发区以及大型购物中心建设也带来了建筑资产拆损。而且，城市发展中盲目建设现象普遍存在，大广场、大马路、标志性建筑等"形象工程"促发了建筑资产不合理拆损问题。

2.1.7　城市空间更新的模式评估

长期以来，各国政府、国际组织以及非政府组织等都致力于建立一套评估城市空间更新模式的方法，但由于其理论内涵建构不清、所涉时间跨度较长、定量评析较困难等原因，在相当长时间内仍缺乏合适的评估方案。评估中往往采用层次模型、德尔菲法、集对分析法、网络层次—模糊综合评价法及多准则分析技术，也有研究称只有综合采用定量与定性技术才能确保发挥分析技术的优势并获取可靠的评估成果。可持续性早已成为欧洲城市更新模式评估的核心目标，从指标科学性、技术性、易识别性、灵活性、可度量性等原则建立可持续性城市更新评价指标。国内城市更新评价体系大多是从经济方面考虑，加之社会评价、居民参与性、城市多样性保护缺失，加剧了城市更新的无序状态。近年来，社会、经济、生态与环境、技术等方面构建城市更新评价指标体系，从居民满意度和社会和谐度两个方面构建了城市更新的社会评价体系，也从城市更新的经济、环境、社会三个维度综合构建了城市更新"拆、改、留"三种模式的评估模型。总体看来，城市更新模式评估的定量分析不够深入，城市更新的指标体系和评价方法、标准还没有系统的形成，对更新地现状的评价、对不同更新方案的评价、对更新后达到程度对城市影响的评价等均欠客观、不系统。

2.1.8　城市空间更新模式的优化调控政策与策略

传统推倒重建式的空间更新模式，造成了城市存量建筑资产的大量损耗。同时，由于这种机械的物质环境更新破坏了城市原有社会肌理和内部空间的完整性，可能导致社区解体、邻里关系破坏，引发社区结构衰落、居民文化心理失衡等问题。张杰主张采取逐步的、低成本的再开发策略，来代替传统的大规模更新网。吴良镛院士则提倡采取一种有机更新模式，来阻止对北京老城的破坏，以及对低收入居民的驱逐。在全球经济领域和社会学科中出现的各类新主义和思潮也不断影响着城市更新活动的演化，为中国的空间更新提供了丰富的经验借鉴。文化导向的更新使得西方许多陷入严重衰落的老工业城市重新焕发了生机与活力，这与以往奥斯曼式的大规模推倒重建形成了鲜明的对比。城市更新不仅仅是为了更新衰败地区的面貌而进行建筑拆建，需要统筹兼顾空间改造及其带来的城市社会效应。在城市的商务、零售、游憩、娱乐功能日益突出的同时，城市更新更应当保持传统的历史文脉和浓郁的文化氛围。单目标的空间改变是一种短视行为，城市更新规划应当从综合开发的视角出发，以综合的整体观念和规划行为来解决复杂的旧城问题。

2.2　城市空间增长的相关进展研究

2.2.1　国外城市空间增长研究及对中国的启示

国外对城市空间增长的研究可追溯到 19 世纪末，其中城市空间增长时空格局的刻画主要集中在对城市空间增长态势的描述和优化上，并形成了经典理论，如 1923 年伯吉斯分析芝加哥市的土地利用模式提出的城市用地圈层模式、1933 年德国地理学家克里斯·泰勒首次提出的中心地学说、霍伊特在 1937 年提出扇形理论、1945 年美国哈里斯和尤尔曼提出的多核心理论。20 世纪 50 年代国外城市空间增长理论研究进一步走向成熟，突破了就城论城的局限而向区域城市群发展，着重从地区和区域整体考虑城市空间增长问题，形成的经典理论有 1955 年法国经济学家佩鲁（F. Perroiix）提出的增长极理论、1957 年法国地理学家戈特（J. Gottmann）提出的大都市带理论、20 世纪 70 年代松巴特（Sombart）等提出的生产轴理论、20 世纪 90 年代以来卡尔索普倡导的 TOD 模式。除此之外，美国经济学家和城市学家安东尼·当斯（Anthony Downs）提出的城市蔓延（Urban Sprawl），也是对城市发展空间过度增长的经典概括的理论，此后，为解决该问题，以戈登、理查森（George B. Dantzig 和 Thomas ISaaty）为代表提出"紧凑城市"理论、美国规划师协会提出的精明增长理论等分别从提高城市建设密度、优化城市用地模式上对城市空间增长进行管理。对于城市空间增长的影响因素与机制，国外主要从经济、政治、土地、制度等方面进行阐述，如 Form W. H 从政治学的视角出发，将影响城市空间扩展的动力分为市场驱动力与权利行为力；Muth 从区域经济的角度，指出地方农产品的需求弹性、城市工资水平、离城市中心的距离和技术水平共同决定了城市空间扩展的进程；Amott 从土地开发成本收益均衡的角度，指出城市空间扩展的均衡点是土地价格、利率、预期的租金和地产价值共同决定的；Ding 从土地利用与管理制度视角，解释城市空间扩展的内在驱动机制，除此之外，权力、社会价值形态、环境等因素逐渐成为关注的重点。20 世纪 70 年代以来，对城市空间增长的研究，除静态刻画外，基于 GIS 的动态模拟成为新趋势，学者从不同角度出发建立多种情景下的数学模型和空间模型，用于模拟和预测城市空间扩展。如 Tobler 采用 CA 模型来模拟美国五大湖区底特律城市用地空间扩展；Batty 等人应用分形理论和元胞自动机模型对城市空间扩展进行的深入研究；Clarke 等利用城市发展的历史数据，根据城市的交通、地形条件等设定适当的参数，建立 SLEUTH 模型，对旧金山和华盛顿都市区进行模拟和预测；Waddell 结合了 CA 和多主体模型（MAM），集成发展了城市仿真 Urbansim 预测模型；Deal 等运用城市生态学的方法，综合集成生态学模型、CA 模型和环境影响评价模型，提出了城市土地利用演化和评价的 LEAM 模型。

相较而言，国外理论研究开展较早、成果较成熟，至今仍被研究城市空间扩

展的学者引用借鉴，对我国城市空间扩展研究也起到了重要的促进作用，尤其是
20 世纪 90 年代以来，结合计算机软件和土地利用变化模型的研究正在成为我国
城市空间增长研究的新动向，并逐步与国际接轨。但综合来看，我国城市空间增
长研究与国外仍有较大差距，亟需结合中国特色的城镇化道路，从城市空间增长
的时空格局、模式与空间组织、影响因素与机制、动态模拟与方法入手，探究我
国城市空间增长的规律，形成有独特价值的城市空间增长理论。

2.2.2　城市空间增长的时空格局

从时空角度出发，对城市空间结构演变以及驱动机制进行研究、探讨和总结
中国城市空间结构形成—发展—演变的进程、特征、机理和规律一直是研究热
点。相关研究主要分为全国、区域层面及城市层面。其中，全国或者区域尺度
上，重在归纳总结城市在用地扩展规模、扩展速度、扩展弹性等方面呈现出的地
带性、规模性、功能性等规律。姚士谋等以我国大城市空间扩展入手，定性梳理
了大城市空间增长规律，提出中国城市空间扩展存在交通脉动、定向开发和经济
集聚与扩散等内在规律性，开辟了全国尺度城市空间增长研究的先河；随后，张
利等以中国 222 个地级以及地级以上城市 1997 ～ 2007 年的市辖区建成区面积增
长为切入点，利用位序规模法则、分形理论和城市用地扩张幅度指数（UEI），对
城市空间扩展格局规律进行了总结，提出在地带上扩展速度呈现出东部地区＞西
部地区＞中部地区的发展态势，且主要集中于直辖市和东部沿海城市；在规模上，
总量在持续增加，扩展速度呈特大城市＞大城市＞中等城市＞小城市的趋势。李
加林等则聚焦长三角地区，利用遥感和 GIS 手段提取分析了长三角地区在该时段
内城市空间扩展的规模、速度和空间结构信息，提出行政等级上扩展速度呈现出
直辖市＞地级市＞副省级市＞县（县级市）、总量在持续增加的特征。除此之外，
也有不少学者，从单体城市层面出发，揭示单个城市发展演化进程中所呈现出的
特征、问题和主要影响因素等属性特征，以期有针对性地从技术、制度、政策等
城市层面对其理想化扩展模式、扩展方向、扩展规模和扩展时序等提出优化调控
对策。如周春山以全国 52 个特大城市为样本，利用各城市 1990 ～ 2008 年影像图、
土地利用现状图等数据对城市空间增长特征进行了分析，指出快速经济增长、快
速城市化以及政府 GDP 导向的政绩观是导致中国特大城市城市空间增长呈现分
散化、破碎化的主要原因；乔伟峰等以南京市建成区为例，分析了 2000 年以来
南京城市空间增长特征，指出南京在城市天际线上有较大改变，城市体积、城市

立体形态都经历了快速增长。

2.2.3　城市空间增长的模式与空间组织

城市空间增长遵循自身规律，在特定的城市要素布局下，城市空间增长表现出一定的模式特征和空间组织方式。我国城市空间增长经历了 20 世纪 80 年代的经济特区和开发区建设、20 世纪 90 年代各种功能类型开发区发展、21 世纪大规模综合型城市新区开发之后，城市空间外延式扩张明显，也形成了特定的城市空间增长模式，不少学者都对其进行了归纳。顾朝林等认为中国城市的空间增长有轴向扩展和外向扩展两种形式，可进一步分为圈层式、"飞地"式、轴间填充式和带状扩展式几个阶段；杨荣南和张雪莲基于城市用地增长的空间区位属性，将城市空间扩展模式归结为集中型同心圆式扩展模式、沿主要交通线带状扩展模式、跳跃式呈组团式扩展模式以及低密度连续蔓延扩展模式 4 种类型；宗跃光提出 5 种城市扩展模式，包括同心圆式蔓延、局部扇形式扩展、廊道式辐射、"飞地"式增长和粘合式填充，且认为五种扩展模式可能同时存在；赵燕青把城市空间增长分为"外溢-回波式"和"跨越式"；叶昌东和周春山将我国城市空间增长归纳为单中心结构分化、轴线结构强化、单中心结构回归三种基本模式。目前，随着遥感和 GIS 方法等技术手段的不断更新发展，结合城市土地利用的紧凑度、破碎度和轴带扩展度而量化分析其外延扩展模式已成为一种主要的分析工具或手段。张振龙等利用遥感和 GIS 技术分析 1978 年以来南京都市发展区的空间增长模式；车前进等基于长江三角洲地区多时相卫星遥感影像数据，利用间隙度指数、分形维数、扩展强度指数、扩展速度指数和空间关联模型，定量揭示了区域城镇空间扩展特征的多样性、空间组织异质性和"热点区"格局演化。总体来看，城市空间扩展模式具有复杂多维特性，难以归结为某种单一的扩展模式，这与国外相关研究一致，且由于中国城市空间的多样性与快速变化，轴带扩展中伴随跳跃式组团扩张、集中同心圆扩展中夹带地域低密度蔓延扩展、外延扩展与城市更新同步进行等扩展模式多样化特征更为明显。

2.2.4　城市空间增长的影响因素与机制

城市空间增长是建构在社会经济发展过程中的空间过程，一方面是城市人口、经济等要素内在驱动的结果，但与此同时又受政府管控、生态环境约束。杨东峰和熊国平的研究发现，城市人口数量扩张、经济发展水平提高和道路交通条件改善等因素共同作用下，城市建成区空间建设呈现出加速增长；洪世键和曾瑜琦进一步明确指出，城市空间范围和居民收入、城市人口规模正相关，和交通成本、农业地租负相关。除传统城市经济学关注的要素外，城市基础设施的建设对城市空间增长的驱动作用也成为研究重点。洪世键和张京祥认为，交通基础设施的投资与建设是城市空间增长的重要推动力，交通基础设施的建设通常推动城市空间以蛙跳（飞地）方式蔓延；尹音频和王海滨以沪昆线沿线区域及城市经济发展为分析对象，实证分析了我国基础设施投资的空间溢出效应。随着对城市空间增长研究的深入，制度变迁对我国城市空间增长的作用也得到重视。洪世键和曾瑜琦指出制度变迁及其相应的复杂影响必然在城市空间结构上有着明显的表征，并强烈影响着城市空间增长的进程；白燕飞等研究发现，地方主官更替年份比非更替年份的城市空间增长率平均低 2 个百分点，地方主官在更替 1 年后对城市空间增长具有显著正向影响，会使城市空间增长提高 1.5 个百分点。近年来，城市过度增长带来严峻的城市发展与资源、环境矛盾突出，不少学者提出生态环境约束下的城市空间增长理念。张有坤和樊杰指出，以区域人居环境的相对最优化为目标，从城市化角度进行土地生态适宜性评价分析，必须明确区域城市空间相对合理的增长上限。目前，国内外关于影响因素，尤其是管控政策的作用机理研究大多停留在定性描述和框架诠释层面，而在如何科学甄别作用程度、作用效果层面都处于探索阶段。

2.2.5　城市空间增长的动态模拟与方法

城市作为一个典型的动态空间复杂系统，具有开放性、动态性、自组织性、非平衡性等耗散结构特征。传统的城市总体规划作为一个控制性的刚性文件，由于缺乏预测能力逐渐失去对城市空间发展的控制力。然而，随着城市政府在城市发展中的角色由控制者向经营者转变，政府迫切需要了解如何对各城市主体将来可能的行为进行预测，以更好地实现空间管理。计算机软件的发展以及土地利用变化模型的不断完善为进行城市空间增长动态模拟和预测提供了思路，正在成为土地利用、城市发展变化研究的新动向。国内的常用的模型有城市空间增长动力学过程模型、区域尺度城市增长动态模拟、人工神经网络模型、元胞自动机、城市空间模拟三维元胞自动机模型、SLEUTH 模型和多智能体模型等。如姜文亮基于优化组合预测模型和空间逻辑回归模型，对深圳市龙岗区进行了预测；匡文慧等集成人工神经网络模型与元胞自动机模型构建适合不同情景的区域尺度城市增长动态模型，模拟京津唐都市圈在基准模式、经济模式、政策模式与结构调整模式未来不同情景模式下城市增长过程；吴巍等模拟与预测自组织和规划引导两类情景下泉州中心城区的城市用地增长过程。动态模拟有助于深刻理解城市空间增长过程，可为城市管理工作提供决策支持。然而，总体来看，当前城市空间扩展模拟分析还没有真正实现"中国化"，缺乏基于中国城市特点的理论架构和方法体系支撑，尤其鲜见具有中国城市治理特色的耦合政府管控政策的城市空间模拟方法与决策支持系统。

2.3 城市空间规划管控政策与绩效评估研究

2.3.1 国际研究进展

纵观世界主要国家在城市增长空间管控方面采取的措施，具有一定共性，即都将城市规划、国土规划等作为国土资源开发调控与空间秩序管治的基本发展政策工具。但由于国家发展阶段、政治体制、行政管理、法律体系、运营机制等基本国情的不同，各国在空间管控模式选择方面存在一定差异性且各有利弊，具体来看可分为东亚模式（以日本、韩国为代表）、欧洲模式（以德国、法国为代表）、美澳模式（以美国、澳大利亚为代表）。城市增长空间管控政策的绩效评估开始于20世纪60年代，伴随着规划理念由"蓝图描绘"向"公共政策"转变而兴起。在实践层面，已经从法律高度对绩效评估进行规范和约束，如英国由副首相办公室发布的《区域规划监督指南》中对实效评价的目标、程序和方法，以及规划阶段实施目标和指标的选择都进行了全面阐述。在理论层面，以古帕（Guba）、林肯（Lincoln）、达利亚（Dalia）、利奇菲尔德（Lichfield）为代表的一大批学者，通过研究不断对绩效评估的理论和方法进行了完善和发展：首先，绩效评估的理念方面，经历了从"严格线性"评估到允许"规划偏移"的转变。起初，对于城市增长空间管控政策成功的内涵，被界定为"只有完全符合规划的建设，才被接纳为成功"。随着研究的深入，学者们认识到这种基于执行程度的刚性比照忽略了空间管控政策实施的过程性，认为评估的关键应该是衡量是实施结果与管控目标是否相吻合，从而提出允许存在"规划偏移"的评估理念。其次，绩效评估内容方面，逐步由单一的空间管控政策编制方案评估扩展到空间管

控政策全过程的评估。西方学术界最早对评估集中在空间管控方案优选上。随着
对空间管控制定过程的规律性探索，学界按照评估发生时间，将评估分为实施前
的"预估"、实施中的"监测"以及实施后的"评估"三方面内容。目前，随着
城市管控政策的种类越发繁多，碎片化与嵌套失序极易导致实施管控后的空间无
序，西方空间管控政策绩效评估进入新阶段，即除对静态的空间管控方案及实施
绩效评估外，对过程的动态监测也处在探索之中。第三，城市增长空间管控政策
绩效评估方法上，已经形成 GIS 技术、问卷调查法、定性定量相结合等多种手段
相结合的方法体系。从 20 世纪 60 年代起始至今，随着绩效评估理念的综合化和
弹性化以及评估内容的多元化，相应的评估方法也不断丰富，除定性和定量相结
合外，目前，基于遥感影像进行 GIS 空间分析、通过问卷调查获取空间属性数据
等方法也较为成熟。

2.3.2　空间管控政策的历史演进研究

我国空间管控政策体系大致经历了三个阶段（图 2-1）：从中华人民共和国
成立至 20 世纪 70 年代末期，空间管控政策具有战略指引性，强调空间均衡发
展；改革开放以来，随着东部率先发展战略的实施，我国空间管控政策向非均衡
发展倾斜，同时以国土空间规划、城市总体规划和产业发展规划为代表的"空
间"色彩的专项空间管制也陆续出台；进入 21 世纪以后，特别是党的十八大以
来，空间管控政策在协调发展理念下更加强调综合和弹性，由此对城市空间管
控政策体系的制定提出了新的更高要求。从城市增长空间管控政策的类型来看，
以"空间"为核心的各类规划分属不同部门集权管理，如表 2-1 所示。空间管控
政策纵向和横向不成体系、政策碎片化以及长远与顶层战略设计缺失等问题，演
变为现今空间管控政策协调性一致性方面不到位等问题，这是我国当前治理能力
落后和治理体系不健全的突出表现。科学构建我国城市空间管控政策体系，需要
清晰界定不同层级和类型规划的范畴、精度及与相关规划协调的要求，特别要
在相关规划之间的协调机制建设方面有制度约束和保障。再者，城市增长空间
管控政策应回归城市内部的合理布局，且具有稳定的地域范围和常态化的编制
周期。

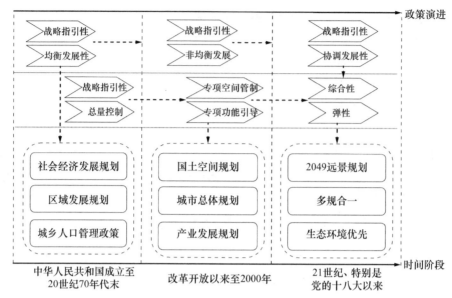

图 2-1   中国城市增长管控政策的体系变迁

中国城市增长管控政策的类型与主要特征   表 2-1

管理部门	政策类型	管控维度	管控类型	实施依据	管控机制
自然资源部门	土地供应政策	土地资源	供应总量	年度土地供应计划	直接引导
	用地审批政策	土地资源	功能引导	土地征用实施办法	直接引导
	专项管制政策	土地资源	功能引导	专项管理办法	直接引导
	空间引导政策	土地资源	空间管制	土地+城市规划	直接引导
发展改革+工业信息部门	产业集群政策	企业	功能引导	入驻标准与规划	间接引导
	产业空间政策	企业	空间管制	产业发展规划	间接引导
	产业引导政策	企业	功能引导	发展规划与意见	间接引导
生态环境部门	生态管制政策	生态空间	空间管制	生态空间规划	间接倒逼
	环境整治政策	企业	功能引导	整治意见与方案	间接倒逼
	环境监测政策	企业	功能引导	污染监测办法	间接倒逼
交通部门	交通布局政策	交通设施	空间管制	路网规划	间接引导
	交通管制政策	交通设施	功能引导	专项管制方案	间接引导
发展改革部门	人口政策	人口流动	战略指引	户籍人才办法	间接引导
	区域发展政策	区域空间结构	战略指引	区域发展规划	间接引导
发展改革+规划部门	城镇体系政策	城市空间结构	战略指引	城镇体系规划	间接引导
发展改革部门	社会经济政策	社会经济	战略指引	发展总体规划	间接引导

2.3.3　空间管控政策绩效评估的理论研究

我国空间管控政策的绩效评估起步较晚。直至 2007 年《中华人民共和国城乡规划法》颁布实施，我国空间管控政策绩效评估的概念才被正式提出。近 10 年来，围绕国外绩效评估经验借鉴、特定类型绩效评估（主体功能区划、区域规划、城乡规划、村镇规划）、动态评估体系构建等方面的研究，我国的绩效评估理念和维度初步形成体系。在绩效评估理念方面，集西方绩效评估之所长，从一开始我国学者就对"预估—监测—评估"的逻辑组织有着清晰地认识，在特定类型的绩效评估过程中尤其强调空间管控政策的决策工具作用，评估标准以规划目标的实现程度为主，允许存在"规划偏移"，并不特别注重空间管控政策与实施效果的严格一致性，另外，逐步开始强调对绩效评估的动态监测。在评估维度选取方面，主要因评估对象不同分化为两种路径，一是以实施全程为对象，综合考虑实施"事前、事中、事后"，展开对空间管控政策的编制成果、实施过程、实施结果等的全面评估；二是以能够直接体现空间管控政策效果为对象，展开更加深入的社会、经济、环境等目标实现情况的评估。两种路径的绩效评估对于衡量管控目标与实施效果的差距、提升空间管控质量都有重要意义，但由于以实施全程为对象涉及要素较多、执行难度较大，目前评估维度选择多以后者为主。

2.3.4　空间管控政策绩效的评估维度研究

随着空间管控的"政策工具"功效的增强，绩效评估逐步得到行业和政府部门的重视。空间管控政策的绩效评估就是通过一定的技术手段和方法，运用一系列的评估指标，对空间管控政策的实施绩效进行科学客观的评价。总体上来讲，我国的绩效评估主要包含评估框架探讨、评估具体思路与方法尝试、特定空间管控政策（主要为城市规划、主体功能区）的实施绩效评估。评估涉及内容较多，包括空间结构、土地、人口、产业、能源、环境、基础设施等各个方面，在具体进行评估时根据特定情况选取重点评估内容。如蔡克光等在城乡规划绩效评估中，主要选取城市经济社会发展、城市性质定位与发展规模、空间结构和功能分区、规划用地布局、基础设施建设、城市特色和文脉保护、生态环境；黄海楠在主体功能区绩效评估中，则主要选取经济发展、社会进步、资源环境和人民生活。

2.3.5 空间管控政策绩效的评估与测度方法研究

空间管控政策绩效的评估与测度方法主要包含定性和定量两类。定性方法通过管控预期与实施绩效进行一致性评估,将绩效按照基本契合、大致符合、普遍不合划分为管控效能、管控落差、管控失灵;定量方法主要运用熵值法、灰色关联分析等计算出空间管控政策的相对绩效。近年来,以空间模型刻画与测度管控政策绩效研究成果日益多见,如通过集成生态学模型、环境影响评价模型和 CA 模型,模拟和预测重大空间管控政策的影响效应;黎夏等将土地利用空间约束划分为全局、区域和局部三类,用约束效果来反映空间管控政策的影响差异;吴健生等以深圳市为例采用数量控制和空间控制两类生态政策进行城市管控政策的生态效应研究和评估。夏畅等将城市数量管控、空间差别化管控及土地利用分区管控等多个政策方案,嵌入元胞自动机的转换规则中,进行基于城市空间多情景模拟的管控效应分析。

本章参考文献

[1] Ding C. Urban spatial development in the land policy reform era: evidence from Beijing. Urban Studies, 2004, 41(10): 1889-1907.

[2] Form W H. 1954. The place of social structure in the determination of land use. Social Forces, 32(4): 317-323.

[3] 刘盛和. 城市土地利用扩展的空间模式与动力机制. 地理科学进展,2002,21(1):43-50.

[4] Weddell P. Urbansim: modeling urban development for land use, transportation, and environment planning. Joumal of American Planning Association, 2002, 68(3): 297- 313.

[5] Deal, B C Farello, etal. A dynamic model of the spatial spared of an infectious disease: The case of fox rabies in illiniois. Environment Modeling and Assessment, 2005(5): 47-62.

[6] 姚士谋,陈爽,吴建楠,等. 中国大城市用地空间扩展若干规律的探索——以苏州市为例. 地理科学,2009,29(1):15-21.

[7] 张利,雷军,李雪梅,等. 1997—2007 年中国城市用地扩张特征及其影响因素分析. 地理科学进展,2011,30(5):607-614.

[8] 李加林,许继琴,李伟芳,等. 长江三角洲地区城市用地增长的时空特征分析. 地理学报,2007,62(4):437-447.

[9] 周春山,叶昌东. 中国特大城市空间增长特征及其原因分析. 地理学报,2013,68(6):

728-738.

［10］乔伟峰，刘彦随，王亚华，等．21 世纪初期南京城市用地类型与用地强度演变关系．地理学报，2015，70（11）：1800-1810.

［11］顾朝林，陈耀光．中国大都市空间增长形态．城市规划，1994（6）：45-50.

［12］杨荣南，张雪莲．城市空间扩展的动力机制与模式研究．地域研究与开发，1997（02）：2-5+22.

［13］宗跃光．大都市空间扩展的廊道效应与景观结构优化——以北京市区为例．地理研究，1998，17（2）：119-124.

［14］赵燕青．高速发展与空间演进—深圳城市结构的选择及其评价．城市规划，2004，28（6）：32-42.

［15］叶昌东，周春山．近 20 年中国特大城市空间结构演变．城市发展研究，2014，21（03）：28-34.

［16］张振龙，顾朝林，李少星．1979 年以来南京都市区空间增长模式分析．地理研究，2009，28（03）：817-828.

［17］车前进，段学军，郭垚等．长江三角洲地区城镇空间扩展特征及机制．地理学报，2011，66（04）：446-456.

［18］张京祥，崔功豪．城市空间结构增长原理．人文地理，2000，15（2）：15-18.

［19］杨东峰，熊国平．我国大城市空间增长机制的实证研究及政策建议——经济发展·人口增长·道路交通·土地资源．城市规划学刊，2008（01）：51-56.

［20］洪世键，曾瑜琦．制度变迁背景下中国城市空间增长驱动力探讨．经济地理，2016，36（06）：67-73.

［21］洪世键，张京祥．交通基础设施与城市空间增长——基于城市经济学的视角．城市规划，2010，34（5）：29-34.

［22］尹音频，王海滨．基础设施投资的空间溢出效应分析——以沪昆线沿线城市为例．2011，城市问题（08）：62-65.

［23］白燕飞，娄帆，李小建等．地方主官更替与城市空间增长——基于地级市面板数据的分析．经济地理，2017，37（10）：100-107.

［24］张有坤，樊杰．基于生态系统稳定目标下的城市空间增长上限研究——以北京市为例．经济地理，2012，32（6）：53-58.

［25］姜文亮．基于 GIS 和空间 Logistic 模型的城市扩展预测——以深圳市龙岗区为例［J］．经济地理，2007（05）：800-804.

［26］匡文慧，刘纪远，邵全琴等．区域尺度城市增长时空动态模型及其应用．地理学报，2011，66（02）：178-188.

［27］吴巍，周生路，魏也华等．中心城区城市增长的情景模拟与空间格局演化——以福建省泉州市为例．地理研究，2013，32（11）：2041-2054.

［28］AdairA，Berry J．Evaluation of investor behavior in urban regeneration．Urban Studies，1999，

36(12): 2031-2045.

[29] Balaban O, Antonio J, Oliveira P. Understanding the links between urban regeneration and climate-friendly urban development: lessons from two case studies in Japan. Local Environment, 2014, 19(8), 868-890.

[30] Burtenshaw D, et al. The City in West Europe. Jhon Wiley & Sons. City, 1981.

[31] Carmon N. Three Generation of Urban Renewal Policies. Analysis and Policy Implications. Geoforum, 1999, 30(2): 145-158.

[32] Colantonio A, Dixon T. Measuring Socially Sustainable Urban Regeneration in Europe. Oxford Brookes University, 2009.

[33] Davies Adams. Partnerships and Regimes: the Politics of Urban Regeneration in the UK. Aldershort: Ashgate, 2001.

[34] Douglas Webster, CaiJianming, Deng Yu, Andrew Gulbrandson. China's affordable housing dilemma. Asia-Pacific Housing Journal, 2011, 5(17): 69-82.

[35] Florida R. The Rise of the Creative Class: And How It's Transforming Work, Leisure, Community and Everyday Life. New York: Basic Books, 2002.

[36] Fraser J A. Beyond gentrification: Mobilizing communities and claiming space. Urban Geography, 2004, 25(5): 437-457.

[37] Hemphill L, McGreal S, Berry J. An Indicator-based Approach to Measuring Sustainable Urban Regeneration Performance: Part 2, Empirieal Evaluation and Case study Analysis. Urban Studies, 2004, 41(4): 757-772.

[38] Hemphill Lesley, Mc Greal Stanley, BerryJim. An Indicator-based Approach to Measuring Sustainable Urban Regeneration Performance: Part1, Conceptual Foundations and Methodological Framework. Urban Studies, 2004, 41(4): 725-755.

[39] Henderson S, Bowlby S, Raco M. Refashioning local government and inner-city regeneration: The Salford experience. Urban Studies, 2007, 44(8): 1441-1463.

[40] Hodge R A, Hardi P. The Need for Guidelines: The Rationale Underlying the Bellagio Principles for Assessment. In HardiPeter, ZdanTerrence. Assessing Sustainable Development: Principlesin Practice. International Institute for Sustainable Development, Winnipeg, Manitoba, 1997, 11(2): 356-360.

[41] Hutton T. The New Economy of the Inner City. Cities, 2004, 21(2): 89-108.

[42] John M, Levy. Contemporary Urban Planning, 1988.

[43] Kocabas A. Urban conservation in Istanbul: Evaluation and re-conceptualization. Habitat international, 2006, 30(1): 107-126.

[44] Ley D. Alternative explanations for inner-city gentrification: A Canadian assessment. Annals of the Association of American Geographers, 1986, 76(4): 521-535.

[45] LoftmanP, Nevill B. Prestige projects and urban regeneration in the 1980s and 1990s: a review

of benefits and limitations. Policy practice and research, 1995, 10: 299-315.

[46] Pacione, M. Urban geography. London: Routledge, 2001.

[47] Roberts P, Sykes H. Urban regeneration: A handbook. SAGE Publications, London, 2000.

[48] Saarinen E. The City: Its Growth, Its Decay, Its Future. New York: Reinbold Publishing, 1945.

[49] Smith N. The New Urban Frontier: Gentrification and the Revanchist City. Population & Development Review, 1997.

[50] Yelling J. The development of Residential: Urban renewal policies in England. Planning Perspective, 1999, 14(1): 1-18.

[51] 柴彦威, 陈零极, 张纯. 单位制度变迁: 透视中国城市转型的重要视角. 世界地理研究, 2007, 16（4）: 60-70.

[52] 柴彦威, 刘志林等. 中国城市的时空间结构. 北京: 北京大学出版社, 2002.

[53] 柴彦威, 塔娜. 中国时空间行为研究进展. 地理科学进展, 2013, 32（9）: 1362-1373.

[54] 柴彦威. 以单位为基础的中国城市内部生活空间结构. 地理研究, 1996,（15）: 30-38.

[55] 陈贤根, 宋明霞. 我国每年拆毁的老建筑占建筑总量的 40%. 科技日报. 2010-12-28. http://jz.shejis.com/hyzx/hyxw/201012/article_1418.html.

[56] 邓堪强. 城市更新不同模式的可持续性评价. 武汉: 华中科技大学, 2011.

[57] 邓羽. 北京市土地出让价格的空间格局与竞租规律探讨. 自然资源学报, 2015, 30（2）: 218-226.

[58] 房国坤, 王咏, 姚士谋. 快速城市化时期城市形态及其动力机制研究. 人文地理, 2009, 24（2）: 40-45.

[59] 冯健, 刘玉. 转型期中国城市内部空间重构: 特征、模式与机制. 地理科学进展, 2007, 26（4）: 93-107.

[60] 甘萌雨, 保继刚. 旧城中心区城市衰落研究——以广州沿江西区域为例. 人文地理, 2007, 22（2）: 55-59.

[61] 顾朝林, 克斯特洛德. 北京社会极化与空间分异研究. 地理学报, 1997, 52（5）: 3-11.

[62] 何深静, 刘玉亭. 市场转轨时期中国城市绅士化现象的机制与效应研究. 地理科学, 2010, 30（4）: 496-503.

[63] 何深静, 刘玉亭. 房地产开发导向的城市更新——我国现行城市再发展的认识和思考. 人文地理, 2008,（04）: 6-12.

[64] 何深静, 刘臻. 亚运会城市更新对社区居民影响的跟踪研究——基于广州市三个社区的实证调查. 地理研究, 2013, 32（6）: 1046-1056.

[65] 黄晓燕, 曹小曙. 转型期城市更新中土地再开发的模式与机制研究. 城市观察, 2011, 12（2）: 15-22.

[66] 黄幸, 杨永春. 中国西部城市绅士化现象及其形成机制. 地理科学进展, 2010, 29（12）: 1532-1540.

[67] 李健, 宁越敏. 1990 年代以来上海人口空间变动与城市空间结构重构. 城市规划学刊,

2007，（2）：20-24.

[68] 李俊杰，张建坤，刘志刚．旧城改造的社会评价体系研究．江苏建筑，2009，（6）：1-4.

[69] 李克强．协调推进城镇化是实现现代化的重大战略选择［J］．行政管理改革，2012，
（11）：4-10.［Li K Q. 2012. Administration Reform,（11）：4-10.］

[70] 刘易斯·芒福德．城市发展史．倪文彦，宋峻岭，译．北京：中国建筑工业出版社，1989.

[71] 龙瀛，张宇，崔承印．利用公交刷卡数据分析北京职住关系和通勤出行．地理学报，
2012，67（10）：1339-1352.

[72] 罗彦，周春山．中国城市的商业郊区化及研究迟缓发展探讨．人文地理，2004，19（6）：
40-45.

[73] 马学广，王爱民，闫小培．城市空间重构进程中的土地利用冲突研究——以广州市为例．
人文地理，2010，25（3）：71-77.

[74] 蔚芝炳．旧城整合进程中的大规模改造与小规模更新．安徽建筑工业学院学报，2005，
（3）：59-61.

[75] 温锋华，许学强．广州商务办公空间发展及其与城市空间的耦合研究．人文地理，2011，
26（2）：37-44.

[76] 吴宏岐，严艳．古都西安历史上的城市更新模式与新世纪城市更新战略．中国历史地理论
丛，2003，18（4）：25-39.

[77] 吴良镛．北京旧城与菊儿胡同．北京：中国建筑工业出版社，1994.

[78] 夏南凯，王耀武．城市开发导论．上海：同济大学出版社，2003.

[79] 谢涤湘，朱竑．创意产业的发展构想与老城区更新——以广州市荔湾区为例．热带地理，
2008，28（5）：450-456.

[80] 严若谷，周素红，闫小培．城市更新之研究．地理科学进展，2011，30（8）：947-955.

[81] 杨浩，张京祥．城市开发区空间转型背景下的更新规划探索．规划师，2013，29（1）：
29-34.

[82] 杨永春，伍俊辉，杨晓娟，侯利，李志勇，向发敏．1949年以来兰州城市资本密度空间
变化及其机制．地理学报，2009，64（2）：189-201.

[83] 杨永春，张理茜，李志勇，伍俊辉．建筑视角的中国城市更新研究——以兰州市为例．地
理科学，2009，29（1）：189-201.

[84] 于涛方，彭震，方澜．从城市地理学角度论国外城市更新历程．人文地理，2001，16（3）：
42-46.

[85] 袁雯，朱喜钢，马国强．南京居住空间分异的特征与模式研究——基于南京主城拆迁改
造的透视．人文地理，2010，（2）：65-70.

[86] 张京祥，陈浩．基于空间再生产视角的西方城市空间更新解析．人文地理，2012，（2）：1-5.

[87] 张京祥，胡毅，孙东琪．空间生产视角下的城中村物质空间与社会变迁——南京市江东
村的实证研究．人文地理，2014，12（2）：1-6.

[88] 张平宇．城市再生：21世纪中国城市化趋势．地理科学进展，2004，23（4）：72-80.

［89］张晓平，孙磊．北京市制造业空间格局演化及影响因子分析．地理学报，2012，67（10）：1308-1316.

［90］张伊娜，王桂新．旧城改造的社会性思考．城市问题，2007（7）：97-101.

［91］周春山，陈素素，罗彦．广州市建成区住房空间结构及其成因．地理研究，2005，24（1）：78-90.

［92］周春山，罗彦．近 10 年广州市房地产价格的空间分布及其影响．城市规划，2004（03）：52-57.

［93］周春山，叶昌东．中国特大城市空间增长特征及其原因分析．地理学报，2013，68（06）：728-738.

［94］周素红，程璐萍，吴志东，等．广州市保障性住房社区居民的居住—就业选择与空间匹配性．地理研究，2010，（10）：1735-1743.

［95］周素红，林耿，闫小培．广州市消费者行为与商业业态空间及居住空间分析．地理学报，2008，63（4）：395-404.

［96］周一星．北京的郊区化及引发的思考．地理科学，1996，16（3）：198-208.

［97］朱喜钢，周强，金俭．城市绅士化与城市更新——以南京为例．城市发展研究，2004，11（4）：33-37.

［98］Williams, B. and Shiels, P.. The expansion of Dublin and the policy implications of dispersal. Journal of Irish Urban Studies, 2002, 1(1), 1-19.

［99］顾林生．国外国土规划的特点和新动向．世界地理研究，2003（1）：60-70.

［100］刘卫东，陆大道．新时期我国区域空间规划的方法论探讨．地理学报，2005，60（6）：894-902.

［101］樊杰．主体功能区战略与优化国土空间开发格局．中国科学院院刊，2013，28（2）：193-206.

［102］刘卫东．经济地理学与空间治理，地理学报，2014，69（8）：1109-1116.

［103］Commission of the European Communities—CEC(1997). The EU Compendium of Spatial Planning Systems and Policies. Luxembourg: Office for official Publications of the European Communities, 1997.

［104］Chadwick G. A system view of planning. Pergamon, 1978.

［105］Evans A W. Evaluation and Planning. Blackwell Publishing Ltd, 1978.

［106］Lichfield, Nathanieletal. Evaluation in the planning process. Pergamon Press, 1975: 313-315.

［107］Wallace D P. Evaluation: A Systematic Approach. The Library Quarterly: Information, Community, Policy, 1994, 64(1): 133-135.

［108］高王磊，汪坚强．中美城市规划评估比较研究．现代城市研究，2014，（06）：57-61.

［109］周珂慧，姜劲松．西方城市规划评估的研究述评．城市规划学刊，2013，（01）：104-109.

［110］汪军，陈曦．西方规划评估机制的概述——基本概念、内容、方法演变以及对中国的启示．国际城市规划，2011，（06）：78-83.

[111] Faludi A. The Performance of Spatial Planning. Planning Practice & Research, 2000, 15(4): 299-318.

[112] Alexander E R, Faludi A. Planning and plan implementation: notes on evaluation criteria. Environment and Planning B: Planning and Design, 1989, 16(2): 127-140.

[113] Talen E. After the Plans: Methods to Evaluate the Implementation Success of Plans. Journal of Planning Education and Research. 1996, 16（2）: 79-91.

[114] Guba E G, Lincoln Y S. Fourth generation evaluation. Canadian Journal of Communication. 1989, 16(2).

[115] Khakee A. The Communicative Turn in Planning and Evaluation, 1998, 97-111.

[116] 郭垚, 陈雯. 区域规划评估理论与方法研究进展. 地理科学进展, 2012,（06）: 768-776.

[117] Stem C. Monitoring and evaluation in conservation: a review of trends and approaches. Conservation Biology, 2005, 19（2）: 295-309.

[118] Flannerya, W., Lynchb, K., Cinnéideb, M.O., Consideration of coastal risk in the Irish spatial planning process. Land Use Policy. 2015, 43, 161-169.

[119] Enzo Falco. Protection of coastal areas in Italy: Where do national landscape and urban planning legislation fail? Land Use Policy. 2017, 66, 80-89.

[120] Zanfi, F. The Città Abusiva in Contemporary Southern Italy: illegal building and prospects for change. Urban Studies. 2013, 50（16）, 3428-3445.

[121] Pittman, J., Armitage, D. Governance across the land-sea interface: a systematic review. Environ. Sci. Policy, 2016, 64, 9-17.

[122] Faludi A. A decision-centred view of environmental planning. Landscape Planning. 1985, 12(3): 239-256.

[123] Ruppert Vimala. Detecting threatened biodiversity by urbanization at regional and local scales using an urban sprawl simulation approach: Application on the French Mediterranean region. Landscape and Urban Planning 2012, 104, 343- 355.

[124] 蔡玉梅, 高平. 发达国家空间规划体系类型及启示. 中国土地, 2013（2）: 60-61.

[125] 吴志强. 德国空间规划体系及其动态解析, 国外城市规划, 1999（04）: 2-5.

[126] 乔伟峰, 毛广雄, 王亚华, 陈月娇. 近32年来南京城市扩展与土地利用演变研究［J］. 地球信息科学学报, 2016（02）: 200-209.

[127] 王新生, 刘纪远, 庄大方, 等. 中国特大城市空间形态变化的时空特征［J］. 地理学报, 2005, 60（3）: 392-400.

[128] 史培军, 陈晋. 深圳市土地利用变化机制分析［J］. 地理学报, 2000, 55（02）: 161-160.

[129] 樊杰, 蒋子龙, 陈东. 空间布局协同规划的科学基础与实践策略. 城市规划, 2014（1）: 16-25.

[130] 樊杰, 郭锐. 面向"十三五"创新区域治理体系的若干重点问题. 经济地理, 2015, 35（1）: 1-8.

[131] 胡序威. 中国区域规划的演变和展望. 地理学报, 2006, 61 (6): 585-592.

[132] 宋彦, 江志勇, 杨晓春, 等. 北美城市规划评估实践经验及启示. 规划师, 2010, (03): 5-9.

[133] 吴江, 王选华. 西方规划评估: 理论演化与方法借鉴. 城市规划, 2013, (01): 90-96.

[134] 张伟, 刘毅, 刘洋. 国外空间规划研究与实践的新动向及对我国的启示. 地理科学进展, 2005, (03): 79-90.

[135] 李晶, 蔡忠原. 国外城市规划评估对小城镇规划建设实施评估的启示. 小城镇建设, 2013, (09): 47-52.

[136] 钱慧, 罗震东. 欧盟"空间规划"的兴起、理念及启示. 国际城市规划, 2011, (03): 66-71.

[137] 周颖, 濮励杰, 张芳怡. 德国空间规划研究及其对我国的启示. 长江流域资源与环境, 2006, (04): 409-414.

[138] 万纤, 余瑞林, 余晓敏, 等. 基于地理国情普查的主体功能区规划实施监测与评估研究. 长江流域资源与环境, 2015, (03): 358-363.

[139] 马娜, 刘士林. 区域规划实施效果评估指标体系构建研究. 区域经济评论, 2015, (04): 20-23.

[140] 鲁承斌, 刘晟呈, 郭新天, 等. 关于我国城乡规划评估体系研究. 城市发展研究, 2013, 20 (9).

[141] 王丽颖. 北方严寒地区乡村规划评估体的研究. 中外建筑, 2015, (05): 83-85.

[142] 吴智刚. 村镇区域空间规划实施评估与监测系统设计. 广东农业科学, 2014, (18): 218-222.

[143] 刘成哲. 城市总体规划动态实施评估体系研究. 天津: 天津大学, 2013.

[144] 王红. 基于空间协同共享技术的规划用地监测平台研究. 北京测绘, 2016, (05): 28-31.

[145] 于涛, 严翔. 创建动态城市规划评估体系——破解我国规划权威性强化之难题. 现代城市研究, 2011, (12): 22-27.

[146] 宋彦. 城市规划实施效果评估经验及启示. 国际城市规划, 2014, (05): 83-88.

[147] 林立伟, 沈山, 江国逊. 中国城市规划实施评估研究进展. 规划师, 2010, (03): 14-18.

[148] 刘兰涛. 台山市城市总体规划评估研究. 兰州: 兰州大学, 2013.

[149] 郑铎. 北京市通州新城总体规划评估研究. 北京: 清华大学, 2013.

[150] 解瑶. 空间发展的社会绩效研究. 青岛: 山东建筑大学, 2016.

[151] 邢谷锐, 蔡克光. 城市总体规划实施效果评估框架研究. 城市问题, 2013, (06): 23-27.

[152] 蔡克光, 何恺强, 邢谷锐. 城市总体规划绩效的评估与测度. 城市问题, 2013, (8): 72-77.

[153] 黄海楠. 基于主体功能区规划的政府绩效评估体系研究. 西安: 西安建筑科技大学, 2010.

[154] 张路路. 湖南省主体功能区的规划实施绩效评估研究. 国土资源科技管理, 2016, (03):

39-45.

[155] 杨俊，解鹏，席建超，等．基于元胞自动机模型的土地利用变化模拟：以大连经济技术开发区为例［J］．地理学报，2015，70（3）：461-475.

[156] 黎夏，李丹，刘小平，等．地理模拟优化系统GeoSOS软件构建与应用．中山大学学报：自然科学版，2010，49（4）：1-5.

[157] 吴健生，冯喆，高阳，等．基于DLS模型的城市土地政策生态效应研究——以深圳市为例．地理学报，2014，69（11）：1673-1682.

[158] 夏畅，王海军，邓羽，等．耦合管控效应的城市空间多情景模拟与政策分析．人文地理，2017，32（3）：68-76.

第3章 城市空间更新的时空格局与模式研究
——以典型功能区为例

20 世纪后半叶及进入 21 世纪以来，在全球化、后工业化、信息经济和后福特制于一体的新时代影响下，城市空间受到越发综合和高强度的塑造力，急需科学认知城市空间更新，减少建筑资产不合理拆损、有效利用存量物质空间，具有非常重要的现实意义。城市空间更新研究则是通过对空间的多要素耦合与演进的格局、模式、空间组织和影响机制的探讨，为认知空间要素、发展规律及其相互作用机制提供理论与政策支撑。因此，本章以轨道交通站域、开发区等快速空间更新的功能区为例，判别、回顾并解译城市空间的基本变化过程，凝练城市空间的演替规律与组织模式，进而对城市空间的多要素耦合与演进的格局、模式、空间组织和影响机制进行探讨。

3.1 轨道交通站域空间的演替轨迹与模式研究

交通是城市空间结构的基本骨架，交通工具及运输方式的变革对城市空间的演替和组织起到了引导和促进作用，交通可达性的快速变化对城市空间的演替和组织有着重要影响。但是，既有研究成果鲜有针对空间的演替轨迹梳理和空间组织模式提炼。因此，选取北京城区以居住为导向的北部回龙观区域和产业导向的南部亦庄区域，梳理其微观地域的空间演替特征，进而凝练空间的组织模式。

3.1.1 研究区域与数据来源

顾及综合交通可达性的改善状况与城市功能区域分异特征，分别选取了可达性和空间快速变化北五环地区（回龙观）和南五环地区（亦庄）作为微观研究案例。自 20 世纪 90 年代以来，北京市加大了中心城区的工业用地置换力度，特别是从 1999 年北京市政府颁布《北京市三、四环路内工业企业搬迁实施方案》以来，引导并要求占地大、效益低、扰民严重的大型企业迁入郊区，鼓励进入工业园区集中发展，以城市的东南区域为主要集中空间。根据北京市城区企业密度变化的相互关系，分别求取局部自相关空间分析图。第二产业企业密度的高 - 高区域集中在城市的东南部，包括了地铁亦庄线万源街站区域。伴随着产业结构的调整与功能地域的置换，在交通基础设施与通信技术的引导下，北京市人口郊区化的现象日益明显，有效遏制了中心城市人口膨胀的趋势。考察常住人口密度变化的相互关系，求取局部自相关空间分析图。人口密度变化的自相关空间分布，其高 - 高区域在朝阳中北部的北七家镇、东小口镇、回龙观镇，以及通州区的马驹桥镇、台湖镇、张家湾镇等，其中包括了北京地铁 13 号线龙泽站区域。

选取以地铁站为中心 1 km² 区域为研究对象，详细分析其 2000 年以来空间演替轨迹，探讨不同功能区位下空间的组织模式（图 3-1）。微观案例范围是：① 亦庄：以北京地铁万源街站为中心的 1km² 区域为研究区域，该区域是公共服务设施最为完备、产业入住率高、发展最为迅捷的经济技术开发区的窗口区域。② 回龙观：以北京地铁龙泽站为中心，顾及地块的连续性与完整性，选择八达岭高速与北京地铁 13 号线交叉处的近 1km² 区域。

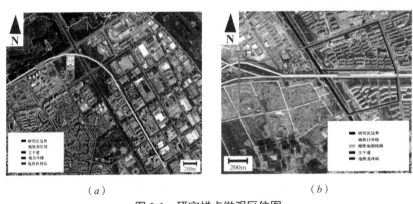

（a）   （b）

图 3-1　研究样点微观区位图

（a）亦庄；（b）回龙观

鉴于北京地铁 13 号线于 2002 年贯通，本文选择 2003 年、2006 年、2008 年及 2010 年 4 个研究时段，以各时间剖面遥感影像图为基础，综合运用土地利用数据、实地调查与深度访谈等多种方法，判别、回顾并解译物质空间的基本变化过程。本次物质空间的判定综合考虑了土地利用数据的分类特点、遥感影像的可识别地类以及主要关注的物质空间功能，微观样点的物质空间变化情况如

表 3-1 所示。

微观样点空间变化情况　　　　　　　　　　　　　　　　表 3-1

物质空间类型（km^2）	亦庄万源街站				回龙观龙泽站			
	2002 年	2004 年	2006 年	2010 年	2003 年	2006 年	2008 年	2010 年
农用地	—	—	—	—	0.03	0	0	0
农村居民点	—	—	—	—	0.31	0.31	0.31	0
公共服务设施	—	—	—	—	0.05	0.05	0.04	0.02
空闲地	0.38	0.31	0.26	0.04	0.09	0.13	0	0.42
绿地	0.20	0.22	0.25	0.31	0.09	0.09	0.09	0.09
城市住宅	0.1	0.13	0.14	0.16	0.19	0.20	0.32	0.32
道路	0.26	0.26	0.26	0.26	0.39	0.39	0.39	0.37
临时性住宅	—	—	—	—	—	—	—	—
产业用地	0.58	0.58	0.60	0.74	0.17	0.16	0.16	0.11
特殊用地	—	—	—	—	—	—	—	—

3.1.2　地铁亦庄线万源街站

亦庄空间类型中，产业空间持续增长。2006 年产业空间相对于 2004 年增长了 0.02km^2，而 2010 年相对于 2006 年增长了 0.14 km^2，是前一阶段增速的 7 倍。伴随着产业空间的增多，区域内空闲空间迅速减少，从 2002 年的 0.38 km^2，减少至 0.04 km^2，减幅为 0.34 km^2。早在 20 世纪 90 年代，亦庄经济技术开发区就以低容积率、高绿地率吸引消费者置业。随着区域的发展与建设，城市绿地空间不断增加，2010 年相对于 2002 年，城市绿地空间增加了 0.11 km^2。住宅空间作为区内的重要配套建设，其面积也有所增加，至 2010 年末城镇住宅空间增加了 0.06 km^2。

亦庄经济技术开发区是北京市重点打造的新城，具有承接城市功能转移的战略任务。万源街地区更是承担了公共服务、产业发展以及居住配套等多方面功能，但从空间类型及数量上看，区内依然以产业发展为重点，其中包括了四大产业种类，如技术服务业、制造业、燃气供应业以及金融业。其中，制造业企业比例高达 90% 以上，包括北京海关 SMC 第一工厂、北京大宝化妆品有限公司等著名企业。95% 的企业是 2000 年以前进驻园区的，极少企业如 CORNING 北京有

限公司、北京当纳利印刷有限公司、北京草原兴发绿食商业连锁公司分别在 2005
年、2007 年及 2003 年进驻园区。北京草原兴发绿食商业连锁公司由于债务原因
于 2006 年破产，至今其厂房依然闲置无用。另外，金融业也在万源街地区集聚
发展，包括中国农业银行、中国工商银行等多家银行在此处均有支行。同时，区
内布设了大量的开发区行政机构，如规划中心、社会保障中心、采购中心等。
2004 年以来，一品亦庄、国融国、博客雅居等住宅与公寓相继建设完成，但其楼
盘入住率偏低。区内仅仅拥有一家大型的星级宾馆，而且缺乏商业服务中心，居
住与商服配套设施建设的时滞性显著。

3.1.3　北京地铁 13 号线龙泽站

　　20 世纪 90 年代末，北京市政府决定在回龙观镇开发经济适用房，随着龙泽
地区龙华园二期、龙泽苑西区的建成入住，加之北郊农场的家属居住区，至 2003
年全区共有城市社区住户近 8400 人。2003 ～ 2006 年，仅有的 0.034km² 的农用
地也被平整为空闲地，与此同时，农用地南侧的村办变压器厂亦被关闭。农村宅
基地基本无变化，而 13 号线东北侧的龙泽苑西住宅小区增加了多栋住宅高楼，
至此该区城市社区居住人口高达 10800 人。2006 ～ 2008 年，龙泽站东南角的新
龙城一期住宅工程建设完毕。由于该区住宅价格相对较为低廉，且 2003 年以来
区域的房价稳步上升，由此引发了大量的住房投资。与龙华园二期及龙泽苑西区
高达 90% 的入住率而言，2007 年入住的新龙城空置率达到 20%，且有近 20% 的
租赁住房。2008 ～ 2010 年是龙泽地区空间变化最为迅捷、变化强度最大的时间
段，回龙观村在 2009 年被纳入到北京市 1000 亿土地储备计划中，并从当年 6 月
份开始接受整体拆迁，直接涉及区域内 3000 多户籍人口与近 30000 流动人口的
搬迁问题。

　　在“旧城逐步改建、近郊调整配套、远郊积极发展”的方针指导下，北京市
产业结构空间重构与人口郊区化进程顺利推进，一定程度上提升了城市整体经济
实力，有利于郊区城镇的人口集聚。龙泽地区紧靠八达岭高速，紧邻地铁口，其
交通便捷性吸引了来京创业群体。龙泽地区中，与不断成熟的城市社区隔路相望
的是有着 500 多年历史的回龙观村。回龙观村共 700 户人家，近 3000 人。由于
其优越的交通区位，使得大量的流动人口集聚于此，包括大学生、软件园内的营
销人员以及公司的普通工作人员等。2008 年年末，回龙观村的常住人口数量高达
31000 人，户籍人口与流动人口比例几近 1 ： 10。但是，相对于城市中心功能集

聚、就业岗位密度不断加大，边缘组团的发展较为缓慢，旨在构建功能完善、分担城市中心压力的边缘新城往往功能单一、配套公共基础设施建设滞后，成为名副其实的京郊"卧城"。

3.1.4　城市空间的组织模式与特征

产业结构的调整与升级换代带来了经济活动转移与重组。第三产业逐步置换了占据城市中心位置、集约条件差的第二产业。大量的 CBD、写字楼以及高层住宅楼林立在城市中心，由于其巨大的经济效益与岗位需求，致使城市中心形成了一个就业和劳动力市场，人口、劳动力、资本密度徒增也带来了城市中心地价的飙升。在完全市场经济条件下，城市地价与资本具有可替代性，紧邻城市中心的地价攀升预示着以粗放、低密度土地利用为特征的第二产业必须朝远离城市中心的地区发展。在政府引导以及工业企业进园的强烈要求下，大批企业放弃了区位条件较好的市区，转向郊区开始了新的发展和竞争。由此，诸如亦庄等一批国家级高新技术开发区迅速发展起来。万源街区域是亦庄经济技术开发区的核心区域，以站域内产业功能为主导的空间持续扩大、企业数量不断增多、配套基础设施逐步完善为特征。在产业功能主导模式的起始阶段，由于政府的统一引导和规划，大量企业成批入驻，产业空间迅速极化，并有不断延扩的强烈趋势。为了完善面向企业的公共服务工作，公共设施空间也在逐步兴起；而居住空间和开敞空间的配套则有利于丰富和提升地域的综合功能。一般而言，处于该阶段的各类空间功能发挥相对独立，地域内部空间互动较少，公共设施空间、公共开敞空间的利用程度和使用率较低，区际联系的便捷程度不高。随着产业空间的扩展和产业功能的集聚，围绕目标产业发展的公共服务空间日臻完善，迈向职住一体化、空间联动发展的地域功能初显雏形。在产业功能不断强化、工作人群持续增加的同时，对居住空间、生活环境和交通便捷性的诉求将陆续变为现实。区际可达性的提升又进一步增强了地域的综合职能，有利于促进空间朝着产城联动成熟阶段演化。

高密度的人力与资本在城市中心集中，必然致使交通负荷进一步加重、环境污染不断加剧。由于昂贵地价的制约，城区土地利用的集约化程度极高，现代服务业等优势第三产业盘踞于此。在大量人口在此区域工作的背景下，住宅小区建设却严重滞后。内城区的新建住宅建筑面积明显不足，而近郊与远郊区则是明显增加，住宅郊区化现象日益明显。与此同时，北京市出台了历史文化名城保护规划，使城区土地开发受到严重制约，加上旧城区人口密度大，城区住宅严格限高，地价昂贵，从而使大部分居民迁往了生活成本相对较低、居住环境和质量相对较高的郊区居住，于是诸如回龙观等一系列以居住职能为主导功能的地域逐步发展起来。北京地铁13号线龙泽站区域是回龙观地区的典型区域，以站域内居住功能为主导的空间持续扩大、居民数量不断增多为特征，伴随着城乡景观和生活方式的角逐。在居住功能主导模式的起始阶段，城镇居住空间快速扩大，不断挤占农村居民空间和带有低端色彩的产业空间，同时肆意的扩张和人口集聚使得公共设施空间、开敞空间建设明显滞后。总体看来，地域内大量的居住空间和常住人口对综合公共服务的诉求得不到满足，频繁的区际通勤需求也只能在低水平层面勉强维持。随着居住空间的延展，地域内部的农村居民空间和产业空间被逐步吞噬，形成了空间同化、社会空间异化的典型区域。围绕居住职能的公共服务空间得以快速发展，初步形成了具有浓厚生活空间色彩的地域功能。在居住功能不断强化、常住人口持续增加的同时，农村居住空间和产业空间已经消失殆尽，居民空间的容积率持续抬高。同时，社区级的公共服务设施和开敞空间逐步完善，区际交通便捷性得到改善，进一步固化和提升了地域的职住并有利于空间朝着完备生活空间的成熟阶段演化，表3-2是空间的组织模式与特征分类。

空间的组织模式与特征分类　　　　　　　　　　　　　　　　表 3-2

空间组织模式		组织模式演化的阶段划分		
		起始阶段	发展阶段	成熟阶段
产业功能主导	演化示意			
	组织模式			

续表

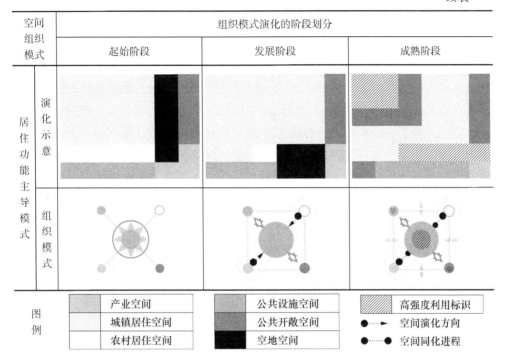

空间组织模式		组织模式演化的阶段划分		
		起始阶段	发展阶段	成熟阶段
居住功能主导模式	演化示意			
	组织模式			
图例		产业空间 城镇居住空间 农村居住空间	公共设施空间 公共开敞空间 空地空间	高强度利用标识 空间演化方向 空间同化进程

3.2　城市开发区空间的演替轨迹与模式研究

经济技术开发区是我国吸引投资、增加就业、促进出口、经济增长的重要载体，兴起于政府引导下的企业郊区化，总体空间格局呈现出大都市区尺度上的扩散以及开发园区尺度上的再集聚特征，高新技术制造业的空间集聚程度更高。为了适应外部环境变化和摆脱自身内在缺陷，先发地区的开发区相继展开"二次创业"，逐步由功能单一的工业园区向功能完善的综合新城转变。因此，本书通过综合运用广东省第一次全国地理国情普查数据和土地利用数据，着重从建筑拆损以及空间利用维度定量分析清远开发区的空间分布与演化格局，凝练空间的演替规律与更新模式，进而梳理空间更新的影响因素，以期为空间的合理利用与优化调控提供科学依据。

3.2.1　研究区域与数据来源

清远高新技术产业开发区，始建于 1991 年 9 月。地处清远市南端，与广州市花都区接壤，地理位置优越，交通便利，距广州市 48km，距佛山市 80km，离深圳市 180km，地域与珠三角核心区紧密相邻。清远高新技术产业开发区是清远实现振兴发展最重要的平台、是推动清远市产业结构调整最重要的平台、是实现广清一体化最重要的平台。清远高新技术产业开发区建立至今为清远的经济发展做出了巨大的贡献，2013 年清远高新技术产业开发区企业产值达 196.2 亿元，完成固定资产投资 15.1 亿元，工业用地产出强度达 236.4 万元／亩，进驻企业 277家，吸纳就业员工 2.5 万人。百嘉工业园与清远市区接壤，重点发展总部企业、孵化科研、中试加速、品牌设计、创意制造、现代服务等产业，拟建设成为集科研、设计、商务办公于一体的科技创新基地，发展现代生物医药产业，图 3-2 为研究区域图。

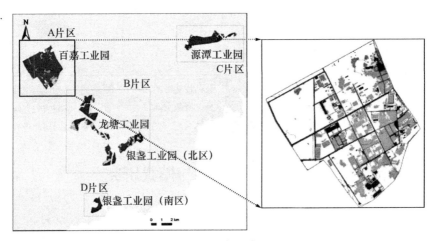

图 3-2   研究区域图

由于城市空间的原始数据获得烦琐且工作量巨大，而且空间更新研究也往往局限于产业链更替视角，缺乏基于建筑拆损以及空间利用强度维度解读和综合认知城市空间更新演替格局的刻画。因此，本书运用建筑物空间数据库、地理国情数据库、土地利用数据、历史典籍、3S 技术与大数据等多源数据，辅之外业调研与深度访谈的综合识别方案，建立 2005 年以来案例区的空间数据库。主要采用典型案例、实地调研与遥感、GIS 空间分析相结合等方法，从拆损类型和紧凑度演化类型认知和系统凝练空间更新模式，梳理空间更新模式的时序演进特点与模式体系，解读物质空间更新模式的区域分异特征与影响因素，图 3-3 为实施方案与思路。

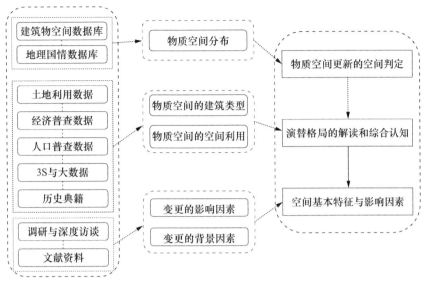

图 3-3　实施方案与思路

研究数据主要来源于《广东省第一次全国地理国情普查》，该成果是利用高分辨率航空航天遥感影像数据、基础地理信息数据和其他专题数据等，按照统一的标准和技术要求，对全省地形地貌、地表覆盖等地表自然和人文地理要素的现状和空间分布情况进行全面调查所建立的普查成果数据库。数据库包含了《地理国情普查内容与指标》中定义的 12 个一级类、58 个二级类和 133 个三级类。根据本文对空间研究需要，对地理国情普查数据类别进行了合并和筛选，主要考虑农用地、房屋建筑区、道路、构筑物和人工堆掘地 5 个一级类，将房屋建筑区细分为多层及以上房屋建筑区、低矮房屋建筑区、废弃房屋建筑区、多层及以上独立房屋建筑及低矮独立房屋建筑，着重考察各类空间的演替轨迹并凝练其更新模式。

3.2.2　城市空间的格局与演化过程

从空间分布格局来看，开发区呈现从东中部向西、南拓展的态势。在 2011 年以前，农用地相对集中分布在开发区西部、北部和南部，随着高新区开发建设推进，区内耕地、水域减少突出，耕地由 2005 年的 235.35 hm² 减少到 2013 年的 87.30 hm²，减少了 148.05 hm²，空间上零星分布于北部和东南部区域。同时，原本分布相对集中的水域地块逐步被压缩成零星分散的地块，由 2005 年的 102.75 hm² 减少到 2013 年的 51.61 hm²，减少 51.14 hm²。房屋建筑区空间迅猛增加，由 2005

年占高新区全部土地的 22.02% 上升到 2013 年的 28.09%，8 年内增加了 121.47 hm²。高新区土地开发建设整体呈现出内部结构调整、基础设施完善和功能提升的发展过程。高新区主干道路网已基本形成，空间格局也已基本成型，成为推动高新区空间更新的有利因素。在高新区开发建设过程中，人工堆掘地面积的变化呈现较大的波动，其所占地总面积比例在 13.22% ～ 19.81% 之间变化，说明这一时期，高新区土地开发建设活动频繁，许多土建项目正在推进中。随着开发建设活动推进，开发区空间微观格局越来越规整，特别是向西开发扩展过程中，先是确定好主干道格局，然后逐片开发推进。值得注意的是，虽然由道路规划建设带动的空间整体推进，但是在空间更新过程中还是保留了一定量的农用地和水域，没有随意破坏生态保护地块的空间格局，图 3-4 为 2005 ～ 2013 年空间分布与演化图。

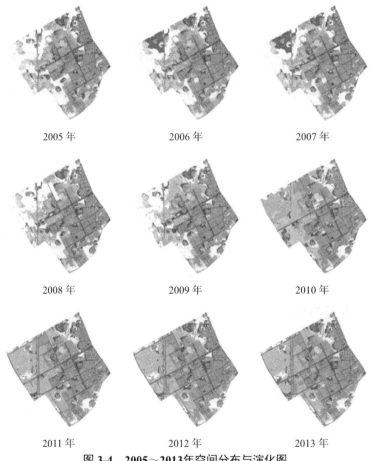

图 3-4　2005～2013年空间分布与演化图

开发区内主要空间为高密度低矮房屋建筑区、高密度多层及以上房屋建筑区、低矮独立房屋建筑和多次独立房屋建筑，2013 年，其面积之和占园区房空间的 99.5%。其中，高密度低矮房屋建筑区面积为 439.92 hm^2，占园区房屋总面积的 78.34%，反映了园区空间密度高但容积率偏低的土地利用强度特征。另外，低矮独立房屋建筑也高达 64.3 hm^2，占园区房屋总面积的 11.5%，反映了一部分容积率较低的房屋建筑相对分散的空间分布特征。从变化趋势来看，2005 ～ 2013 年，这四类空间的面积均呈增长趋势，高密度低矮房屋建筑区、高密度多层及以上房屋建筑区、低矮独立房屋建筑和多次独立房屋建筑的增加面积分别为 71.2 hm^2、11.2 hm^2、30.8 hm^2 和 5.9 hm^2，增幅分别为 19.3%、39.2%、91.8% 和 70.6%。总体看来，空间以高密度低矮房屋建筑区为绝对主导，这也符合第二产业土地低强度开发的基本属性。近些年来，在土地资源短缺和集约节约利用要求趋严的背景下，在西部和南部新开发的区域集中出现了高密度多层及以上房屋建筑区和多层独立房屋建筑区等新的空间类型。同时，在既有房屋建筑区内部，由低矮房屋建筑区向高密度多层及以上房屋建筑区演替的趋势不断出现。

3. 2. 3　城市空间的演替规律与更新模式

区域内空间更新总量在不断增长，从 2005 ～ 2009 年的 2.4km^2 增加至从 2009 ～ 2013 年的 3.3km^2。总体来看，农转非是空间更新的主要模式，加之作为农用地开发的过渡阶段人工堆掘地的更新占比，两个阶段的农转非模式比重分别高达 90% 和 81%。此外，非建筑的人工构筑物更新模式比重次之，两个阶段分别为 6.8% 和 5.3%。细致分析建筑物的更新情况，两个阶段则展现出不同的特点。第一阶段，高密度低矮房屋建筑区和低矮独立房屋建筑成为建筑更新的主要对象，比重分别为 2.1% 和 1 %，而几乎不存在多层或中高层建筑被拆除的现象。与之不同的是，第二阶段中高密度低矮房屋建筑区和低矮独立房屋建筑更新总量不但分别提高至 7.8% 和 1.8%，而且出现多层建筑、甚至中高层建筑被更新，图 3-5 为空间更新数量与比重示意图。

从空间的更新结果来看，农用地多转变为高密度低矮房屋建筑或者低矮独立建筑，仅有少数面积直接修建为高密度多层及以上房屋建筑区，而大量的人工推掘地则认作是为下一阶段修建的过渡。而高密度低矮房屋建筑区则全部转变为高密度多层及以上房屋建筑区或低矮独立建筑，低矮独立房屋建筑则更新为高密度低矮房屋建筑区或高密度多层及以上房屋建筑区。人工堆掘地多数转变高密度低

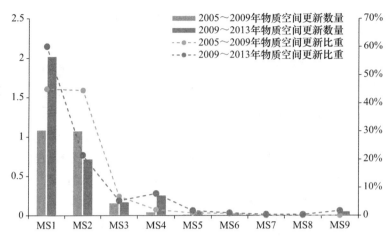

注：MS1：农用地；MS2：人工堆掘地；MS3：构筑物；MS4：高密度低矮房屋建筑区；MS5：低矮独立房屋建筑；MS6：道路路面；MS7：多层独立房屋建筑；MS8：中高层独立房屋建筑；MS9：高密度多层及以上房屋建筑区。

图 3-5　空间更新数量与比重示意图

矮房屋建筑区或低矮独立房屋建筑，也只有少量成为高密度多层及以上房屋建筑区。值得注意的是，在 2009～2013 年，区域内出现多层或中高层建筑多转变为高密度低矮建筑区或低矮独立建筑区的空间演替过程，面积分别为 0.04km² 和 0.01km²，这主要是在区域产业快速发展和土地趋于短缺背景下，由于空间自然老化或产业功能价值链提升要求而进行的空间更新，表 3-3 为空间类型更替表。

空间类型更替表（单位：km²）　　　　　　　　　　　　表 3-3

空间类型	MS2		MS3		MS4		MS5		MS6		MS7	
	T1	T2	T1	T2	T1	T2	T1	T2	T1	T2	T1	T2
MS1	0.01	0.01	0.10	0.12	0	0	0	0	0.04	0.02	0.79	1.52
MS2	0	0	0	0.04	0	0.01	0	0	0	0	0	0
MS3	0	0.02	0	0	0	0	0	0	0	0.11	0.01	0.04
MS4	0	0	0	0	0	0	0	0	0	0.01	0	0
MS5	0	0	0	0	0	0.01	0	0	0	0	0	0.00
MS6	0	0	0.01	0.03	0	0.01	0	0	0	0	0	0.01
MS7	0.08	0.02	0.34	0.27	0.02	0.01	0.01	0	0.12	0.09	0	0

注：MS1：农用地；MS2：高密度多层及以上房屋建筑区；MS3：高密度低矮房屋建筑区；MS4：多层独立房屋建筑；MS5：中高层独立房屋建筑；MS6：低矮独立房屋建筑；MS7：人工堆掘地；T1：2005～2009；T2：2009～2013。

　　根据上述空间演替规律，可凝练空间更新模式如图 3-6 所示。开发区内形成了从农用地→人工堆掘地→高密度低矮房屋建筑区→高密度多层及以上房屋建筑区或低矮独立房屋建筑区→多层独立房屋建筑区的空间更新模式主线。该主线充分体现了开发区内产业用地的低强度土地利用特征，也能窥视出我国开发区建设发展中倚靠廉价土地吸引要素模式的基本特点与不足。同时，开发区内也出现了从高密度多层及以上房屋建筑区、中高层独立房屋建筑区向低矮房屋建筑区更替的模式副线。

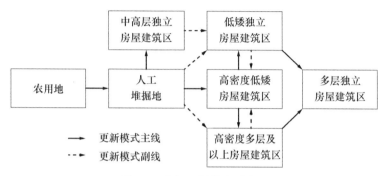

图 3-6　空间更新模式系统图

　　开发区多以高密度低矮房屋建筑区的形式呈现，虽然在后期多层和高层房屋建筑有所增加，土地空间利用程度有一定提高，但是基于高新区后备土地资源不足的限制条件，未来高新区土地开发建设需要着力提高土地空间利用强度，提高土地利用的集约度。此外，清远高新技术产业开发区产业定位于高端产业发展，特别是新材料、汽配、电子信息、生物制药和旅游休闲等支柱产业对土地利用多是以低矮的标准工业厂房建筑形式。因此，在不继续扩容高新区的前提下，未来紧张的土地供给形势与高新区高端产业发展对土地资源利用的矛盾将会逐步显现出来。随着高新区土地开发建设的进一步完善，空间结构与功能越来越丰富，不同功能类型的空间开始出现。一方面契合了高新区从快速发展向成熟发展转型的过程，不同空间功能出现来自产业发展与升级的需要；另一方面高新区内不同功能空间需要在空间上进行统筹规划与整合，优化空间功能结构，以发挥综合效益。

3.2.4　城市空间更新的影响因素

（1）常住人口迅速增长

常住人口数量增加直接导致对居住及相关基础设施空间的需求增加。为了满足人们对生产生活的基本需要，高新区不断增加住房、交通等建设用地，加快了农用地空间向非农用地空间演替的进程。

（2）产业经济快速发展

清远高新技术产业开发区近年来地方财政收入增幅名列清远市第一，经济产出的增加必然带来土地等投入性生产要素需求的增大，进而保证了清远高新技术产业开发区国家级企业技术中心、国家级工程中心、博士后工作站、省级工程中心、省创新型企业高新技术企业的相继建成。同时，区域农业成本快速上升，粮食价格普遍偏低，由于单位农用地产出远低于建设用地和工矿用地，人们更愿意转向第二产业和第三产业就业。这也就造成了部分效益低的耕地、林地和草地逐渐转变为效益更高的建筑空间，从而塑造了新的城市空间格局。同时，快速的经济增长意味着社会需求结构的巨大变化和升级过程，对住宅规模和品位的更高要求刺激着空间短期内的快速更新，因为原有的各类建筑多少都存在着设计陈旧、面积过小、结构落后、容积率过小、（住宅）私密性差、人性化与生态化水平低等各种问题。

（3）产业结构升级加速

清远高新技术产业开发区与清远市区接壤，重点发展总部企业、孵化科研、中试加速、品牌设计、创意制造、现代服务等产业，拟建设成为集科研、设计、商务办公于一体的科技创新基地，发展现代生物医药产业。建园以来，尤其是经济危机以后，园区内企业的兼停并转趋势明显，而且在空间自然老化或产业功能价值链提升的背景下，城市空间的规模、结构或形式不再适应新的产业功能需求，因此加速了城市空间更新。

（4）政府财力增大

政府拥有了越来越大的财力对公共建筑进行更新。由于医疗、市政、教育科研建筑几乎都是政府拨款建设，其更新速度与城市经济发展速度和政府财政状况有关。2005～2013年清远高新技术产业开发区发展加快，包括道路和构筑物在内的基础设施空间建设增速。高新区内道路用地增加明显，道路用地面积由2005年的127.32 hm² 增加到2013年的195.29 hm²，平均每年增加8.50 hm²，已经形成了较为完备的交通路网体系。同时，高新区内构筑物空间（包括：广场、露天体育场、停车场、硬化护坡、场院、露天堆放场、碾压踩踏地表、其他硬化地表、加油站、污水处理池、其他固化池、工业设施、其他构筑物）明显增加，由2005年的108.36 hm² 增加到2013年的148.38 hm²，且空间布局更加规整。

（5）国家政策因素

从高新区 2013 年建筑物空间布局来看，高新区房屋建筑空间分布较为分散，紧凑度不高；仍以低矮房屋建筑为主，多层房屋建筑面积只有 54.41 hm^2，仅占高新区面积的 2.72%。因此，近年来在土地资源短缺和国家集约节约利用政策要求趋严的背景下，在西部和南部新开发的区域出现了高密度多层及以上房屋建筑区和多层独立房屋建筑区等新的空间类型，这也是为顺应国家政策引导提升土地利用效率和拓展土地立体利用强度的有益响应。

3.3　小结

1）产业导向的城市空间组织模式以站域内产业功能为主导的空间持续扩大、企业数量不断增多、配套基础设施逐步完善为特征。该模式始于政府的统一引导和规划，在产业功能不断强化、工作人群持续增加与区际可达性提升的促动下又进一步增强了地域的综合职能，有利于城市空间朝着产城联动成熟阶段演化。居民导向的城市空间组织模式以站域内居住功能为主导的城市空间持续扩大、居民数量不断增多为特征，伴随着城乡景观和生活模式的角逐。随着公共服务设施和开敞空间逐步完善，区际交通便捷性得到改善，进一步固化和提升了地域的居住职并有利于城市空间朝着完备生活空间的成熟阶段演化。

2）在以产业为导向的城市功能区域，居住与商服配套设施建设的时滞性显著。区域应当倡导与秉承以人为本的发展理念，针对工作人群的属性特色，打造实用优质的居住生活空间，建立空间布局优化、结构合理的公租房、经济适用房、高端商品房的住房体系，构建综合商服中心，稳步提升区域综合实力与集聚力。在以居住为导向的城市功能区域，要注重配套基础设施建设，研究好居住人数与交通最高载荷的相互关系，让居民实实在在地享受到交通基础设施所带来的通勤方便度。同时，也要关注区域产业的培育与发展，增加就业岗位，尽力规避"睡城"现象的发生。再者，加强区域社区的文化建设，增加新旧居民的社区认同感，注重社区之间、人群之间沟通平台建设，解决社区隔离现象，提升居民幸福感和舒适感。

3）开发区内形成了从农用地→人工堆掘地→高密度低矮房屋建筑区→高密度多层及以上房屋建筑区或低矮独立房屋建筑区→多层独立房屋建筑区的空间更新模式主线。该主线充分体现了开发区内产业用地的低强度土地利用特征，也能窥视出我国开发区建设发展中倚靠廉价土地吸引要素模式的基本特点与不足。区域内出现多层或中高层建筑多转变为高密度低矮建筑区或低矮独立建筑区的城市空间演替过程，这主要是在区域产业快速发展和土地趋于短缺背景下，由于空间自然老化或产业功能价值链提升要求而进行的城市空间更新。

4）由于城市空间的原始数据获得烦琐且工作量巨大，缺乏基于历史典籍、3S技术与大数据的内外业综合识别方案的演替规律定量分析与组织模式系统凝练。因此，进一步完善功能区案例的区域分布与功能类型，综合运用全国地理国情普查数据和土地利用数据，定量分析各类功能区的城市空间分布与演化格局，凝练城市空间的演替规律与组织模式，进而建立城市空间组织模式知识库，将为认知城市空间发展规律提供理论支撑并形成科学的城市综合开发方案。

本章参考文献

[1] 柴彦威，刘志林等．中国城市的时空间结构．北京：北京大学出版社，2002.

[2] 马学广，王爱民，闫小培．城市空间重构进程中的土地利用冲突研究——以广州市为例．人文地理，2010，25（3）：71-77.

[3] 邓羽．北京市土地出让价格的空间格局与竞租规律探讨．自然资源学报，2015，30（2）：218-226.

[4] 罗彦，周春山．中国城市的商业郊区化及研究迟缓发展探讨．人文地理，2004，19（6）：40-45.

[5] 周春山，陈素素，罗彦．广州市建成区住房空间结构及其成因．地理研究，2005，24（1）：78-90.

[6] 冯健，刘玉．转型期中国城市内部空间重构：特征、模式与机制．地理科学进展，2007，26（4）：93-106.

[7] 张晓平，孙磊．北京市制造业空间格局演化及影响因子分析．地理学报，2012，67（10）：1308-1316.

[8] 杨浩，张京祥．城市开发区空间转型背景下的更新规划探索．规划师，2013，29（1）：29-34.

[9] 周一星．北京的郊区化及引发的思考．地理科学，1996，16（3）：198-206.

[10] 李志刚，刘晔，陈宏胜．中国城市新移民的"乡缘社区"：特征、机制与空间性：以广州"湖北村"为例．地理研究，2011，30（10）：1910-1920.

[11] 周素红，程璐萍，吴志东，等．广州市保障性住房社区居民的居住——就业选择与空间匹配性．地理研究，2010，29（10）：1735-1743.

[12] 张京祥，胡毅，孙东琪．空间生产视角下的城中村物质空间与社会变迁——南京市江东村的实证研究．人文地理，2014，12（2）：1-6.

［13］朱喜钢，周强，金俭．城市绅士化与城市更新——以南京为例城市．城市发展研究，2004，11（4）：33-37.

［14］沈体雁，冯等田，李迅，等．北京地区交通对城市空间扩展的影响研究．城市发展研究，2009，（6）：29-32.

［15］邓羽，司月芳．北京市城区扩展的空间格局与影响因素．地理研究，2015，34（12）：2247-2256.

［16］Knight R L．Land use impacts of rapid transit systems: implications of recent experience. Final Report Prepared for the US Department of Transportation, 1977.

［17］Nelson A C, Sanchez T L．The influence of MARTA on population and employment location// Presented at the 76th Annual Meeting of The Transportation Research Board, Washington DC, 1997.

［18］刘保奎，冯长春．城市轨道交通对站点周边土地利用结构的影响．城市发展研究，2009，4 149-155.

［19］周素红，闫小培．城市居住 - 就业空间特征及组织模式：以广州市为例．地理科学，2005，25（6）：664-670.

［20］Hartshorn R．Perspective on the nature of geography．Chicago: Rand McNally, 1959. 12-15.

［21］Haggett P．The geographer's art. Oxford: Blackwell, 1990.

［22］Soja E．Post-modernism geographies: the reassertion of space in critical social theory．London: Verso, 1989.

［23］吴启焰．大城市居住空间分异研究的理论与实践．北京：科学出版社，2001.

［24］苗长虹．从区域地理学到新区域主义：20 世纪西方地理学区域主义的发展脉络．经济地理，2005，25（5）：35-43.

［25］陈浩，张京祥，吴启焰，宋伟轩．大事件影响下的城市空间演化特征研究——以昆明为例．人文地理，2010，（5）：41-47.

［26］黄盈浩，冯荣贞．中山市旧城城市更新的回顾与思考．城市地理，2015，（20）：33-36.

［27］吕拉昌．"城市空间转向"与新城市地理研究．世界地理研究，2008，17（1）：32-39.

［28］宁越敏，石崧．从劳动空间分工到大都市区空间组织．北京：科学出版社，2011.

［29］谢守红．大都市区的空间组织．北京：科学出版社，2004.

［30］姚华松，许学强，薛德升．人文地理学研究中对空间的再认识，人文地理，2010，（2）：8-13.

［31］樊杰．对话樊杰（上）：让城市群不再是一群城市．凤凰网，2013. http://city.ifeng.com/special/chinacity07/.

［32］李健．基于因子分析的北京城市功能空间布局研究．城市发展研究，2005，12（4）：57-62.

［33］于伟．功能疏解背景下北京商业郊区化研究．地理研究，2012，31（1）：123-134.

［34］陈贤根，宋明霞．我国每年拆毁的老建筑占建筑总量的40%．科技日报．2010 年12 月28 日．http://jz.shejis.com/hyzx/hyxw/201012/article_1418.html.

［35］郑江淮，高彦彦，胡小文．企业"扎堆"、技术升级与经济绩效：开发区集聚效应的实证分析．经济研究，2008（5）：33-46.

［36］冯健，刘玉．转型期中国城市内部空间重构：特征、模式与机制．地理科学进展，2007，26（4）：93-107.

［37］张晓平，孙磊．北京市制造业空间格局演化及影响因子分析．地理学报，2012，67（10）：1308-1316.

［38］杨浩，张京祥．城市开发区空间转型背景下的更新规划探索．规划师，2013，29（1）：29-34.

［39］周一星．北京的郊区化及引发的思考．地理科学，1996，16（3）：198-208.

［40］周春山，陈素素，罗彦．广州市建成区住房空间结构及其成因，地理研究，2005，24（1）：78-90.

［41］周素红，林耿，闫小培．广州市消费者行为与商业业态空间及居住空间分析．地理学报，2008，63（4）：395-404.

第4章　城市空间增长的时空格局与机制研究
——以典型大都市区为例

　　城市空间增长是一个从低级到高级，由简单到复杂、自下而上的自组织过程。随着复杂科学理论与方法不断应用于城市—区域系统复杂性研究，逐步形成了以协同城市、混沌城市、智能城市、网格—主体城市为代表的城市研究流派，成功地对快速发展的城市及城市体系进行了有效的描述和解释。城市空间增长的特征表现为择优而居，有着蔓延发展的惰性。城市空间增长有着连续性和复杂性并存的特点，由此导致了城市空间扩展的不确定性，从而根本上制约了传统线性模型的预测精度。纵使是在复杂性模型层出不穷的今天，亦只能无限逼近客观实际，进而佐证了城市空间扩展的不完全预知性。但是，一个非理性或失调的空间规划体系往往与城市空间增长机制错位，形成了城市中心交通拥堵日益严重、热岛效应加剧、环境恶化、人居环境退化、老城的衰败、郊区的蔓延等一系列问题。因此，迫切需要对城市空间增长规律与机制予以深入认识，重点关注各类管控政策的实施绩效，从而支撑形成顾及城市增长机制的城市空间调控方案。

　　本章首先运用阐释城市空间增长机制的空间逻辑斯蒂模型，并悉数梳理了城市空间增长的时空格局与机制，包括了基本过程与区域分异特征，连续性和复杂性特征以及时空格局分异特征；其次，采用经验证实的空间逻辑斯蒂预测模型对城市空间增长进行多情景模拟与机理模式定量评析，为科学认知城市空间演化格局与过程，把握城市空间演化规律与机理提供支撑。

4.1　城市空间增长的模拟模型与模式评析方法构建

4.1.1　研究区域与数据来源

　　以北京市城区，即北京城市六环快速路所通过和涵盖的地域作为研究区域，包括首都核心功能区及城市功能拓展区的6个建制区，涵盖了通州、昌平和顺义等市辖区的部分区域，共 162 个街道（乡镇）单元。

本文选取天安门作为城市中心；根据北京第二次经济普查年鉴的基本成果，选取北京 CBD 与金融街作为 CBD 区域；朝阳 CBD、亦庄、通州、酒仙桥等作为就业中心；亦庄、石景山、上地、中关村、酒仙桥等作为工业中心。本书所选取的城市道路空间数据是来自《北京城市总体规划（2004 ~ 2020 年）》的道路交通图，并配准到 google earth 上数字化得来。为了准确刻画城市全局的可达性，本书亦将全面考虑城市地铁对城市通勤的影响，采用矢栅一体化的可达性量算方法得到从与城市中心的可达性，CBD 的可达性，就业中心的可达性，工业中心的可达性，地铁站点的可达性以及高速可达性六个方面的区域综合交通可达性情况（图 4-1）。

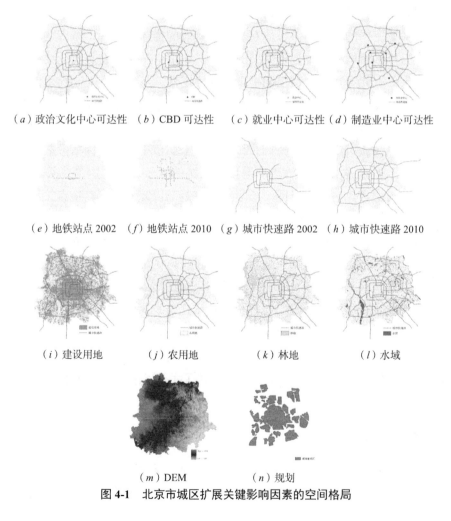

（a）政治文化中心可达性　（b）CBD 可达性　　（c）就业中心可达性（d）制造业中心可达性

（e）地铁站点 2002　（f）地铁站点 2010　（g）城市快速路 2002　（h）城市快速路 2010

（i）建设用地　　　　（j）农用地　　　　　（k）林地　　　　　　（l）水域

（m）DEM　　　　（n）规划

图 4-1　北京市城区扩展关键影响因素的空间格局

4.1.2　基于综合交通可达性的城市增长模拟模型

随着城市与区域研究相关理论的不断兴起，如人文生态学理论，经济地理学，人口空间结构理论，行为学理论，城市结构理论，发展模式理论以及新经济地理学理论，以系统动力学、元胞自动机、多智能体等计算机空间模拟技术也在突飞猛进，而且被广泛应用到城市空间扩展模拟的理论与实践中。这些新的研究框架可以被大致分为两类。第一类是以系统动力学模型为代表的自上而下的方法。这种方法适用于探求区域发展的影响因素和驱动机制，从而直接服务于政策安排。但是，该类模型在揭示城市发展空间特征方面显得捉襟见肘，也很难把空间影响因素映射到模拟模型中去。第二类模型是以元胞自动机为代表的自下而上的方法。该类方法易于吸纳空间信息，并共同探求模拟区域的发展变化。但是，此类模型擅长于时空变化的模拟，却无法满足对驱动机制探讨。采用空间逻辑斯蒂回归模型来定量模拟城市空间增长，刻画自变量与因变量城市空间增长关系，从而凝练出城市空间增长的基本特征。空间逻辑斯蒂回归模型的优势在于兼顾了城市空间增长模拟与驱动机制提炼的双效功能，这在复杂的社会经济模拟体系中显得尤为重要。逻辑回归模型的基本表达如下：

$$P(Y=1|x)=P=\frac{e^{\beta_0+\beta_1 x_1+\beta_2 x_2+\cdots\cdots+\beta_n x_n}}{1+e^{\beta_0+\beta_1 x_1+\beta_2 x_2+\cdots\cdots+\beta_n x_n}}$$

其中，P 是因变量，表示在解释变量取值 x 的情况下，某事件 Y 发生的概率；x_1，x_2，$\cdots\cdots$，x_n 为自变量，β_0，β_1，$\cdots\cdots$，β_n 为待求系数，它们的数值代表了每一个解释变量对因变量 P 的贡献。使用加权最小二乘或 Newton-Raphson 法即可求解各个回归系数。城市空间增长的因变量表征了某一时期的土地利用变化情况。"1"代表了本时期土地由农用地转变为了建设用地；"0"代表了本时期土地利用类型保持不变。交通可达性是深入剖析和模拟城市空间增长的关键因素。但是，既有针对交通可达性导向下的城市扩展模拟与模式研究存在理论体系不完备、以定性为主的研究方法、以案例为主的研究视角等问题，极大地影响了研究成果的普适性和模式优化建议的提出。交通可达性对城市扩展的影响会因地而异，而不同的交通设施也会带来迥异的响应模式。因此，运用矢栅一体化的综合交通可达性测度方法，构建基于综合交通可达性的城市增长模型，有利于丰富与完善城市空间增长模拟和机制研究框架。因此，解释变量包括可达性变量、邻域变量、自然因素变量、规划变量以及社会经济变量五大类。其中可达性变量包括与城市中心的可达性、CBD 的可达性、就业中心的可达性、工业中心的可达性、地铁站点的可达性以及高速可达性。邻域变量包括建设用地、农业用地、林业用地及水域用地百分比。自然变量中主要考虑高程对城市增长的影响，随着高程的增加将增大城市建设的成本与难度。规划变量采用《北京市城市总体规划（2004～2020 年）》对建设限制性分区的基本成果，将研究区域划定为城市建设区与非建设区。社会经济变量包括人口数量及其变化，以及第二产业、第三产业企业的数量及其变化，如表 4-1 所示。

模型的指标架构　　　　　　　　　　　　表 4-1

变量名称			
因变量			
转换概率			
解释变量			
可达性			
与城市中心的距离	与城市中心距离的变化	与 CBD 的距离	与城市 CBD 距离的变化
与就业中心的距离	与就业中心距离的变化	与工业中心的距离	与工业中心距离的变化
与地铁站的距离	与地铁站距离的变化	与高速路的距离	与高速路距离的变化
领域变量			
领域建设用地百分比	领域林业用地百分比	领域农用地百分比	领域水域百分比
自然变量			
高程			
规划变量			
城市规划			
社会经济变量			
总人口	人口增长率	企业数量	企业数量变化率
第二产业企业数量	第二产业企业数量变化率	第三产业企业数量	第三产业企业数量变化率

4.1.3　城市空间增长预测模型与模式评析方案

在综合交通可达性视角下，考虑其他相关自然、社会和经济因素来建立城市空间增长模型。主要包括交通可达性、邻域用地状态、自然因素、城市规划因素以及社会经济发展情况[①]。逻辑回归模型的基本表达如下：

---

① 以下主要指标：邻域建设用地百分比；邻域农用地百分比；邻域林业用地百分比；邻域水域百分比；高程；城市规划；总人口 2010 年；第二产业企业数量 2008 年；第三产业企业数量 2008 年；第二产业企业数量变化率；第三产业企业数量变化率。

$$P(Y=1|x)=P=\frac{e^{\beta_0+\beta_1x_1+\beta_2x_2+\cdots\cdots+\beta_nx_n}}{1+e^{\beta_0+\beta_1x_1+\beta_2x_2+\cdots\cdots+\beta_nx_n}}$$

其中，P 是因变量，表示在自变量取值 x 的情况下，某事件 Y 发生的概率；x_1，x_2，……，x_n 为自变量，β_0，β_1，……，β_n 为待求系数，它们的数值代表了每一个自变量对因变量 P 的贡献。使用加权最小二乘或 Newton-Raphson 法即可求解各个回归系数。

研究数据主要来自北京市第二次土地利用详查数据、经济普查数据、人口普查数据。如图 4-2（a）~（c）所示，分别展示了 2010 年研究区域内建设用地、农用地、林业用地及水域的空间分布。选择以地块为中心的 1km² 矩阵作为邻域，考察其中土地利用类型分布情况。以邻域内建设用地数量，农用地数量，林业用地数量以及水域用地数量分别占 1km² 的比重作为中心地块的邻域用地指标度量，如图 4-2（e）~（h）所示。以建设用地密度分布为例，城市中心区及郊外主要城镇的建设用地密度值均为 1。随着远离建设用地集聚区的距离增加，其建设用地密度值将逐渐降低。农用地，林业用地以及水域用地的邻域土地利用类型的空间分布特征与各类用地的空间分布密切相关，密度值随着远离集中分布区的距离增加而逐步减少。

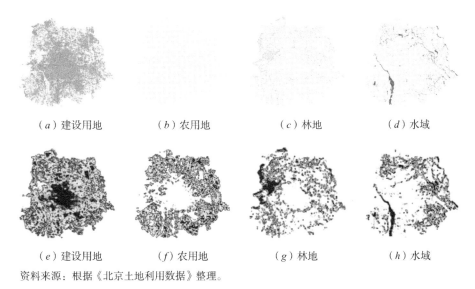

（a）建设用地　　　（b）农用地　　　（c）林地　　　（d）水域

（e）建设用地　　　（f）农用地　　　（g）林地　　　（h）水域

资料来源：根据《北京土地利用数据》整理。

图 4-2　2010年相关土地利用类型及其邻域空间分布

通过前述城市增长模型，得到 2000 年以来北京城市空间增长的影响因素及其影响系数,包括静态可达性主因子①、动态变化可达性主因子②、领域建设用地百分比、领域农用地百分比、领域林业用地百分比、领域水域百分比、城市规划、第二产业企业数量变化率及第三产业企业数量变化率。高程在本次逻辑回归模型中呈显著相关,但其影响系数几近为零,故在动态演变模拟中不再引入。因此,可以根据如下公式,并带入 2000 ~ 2010 年研究区域的主要影响因素及其影响系数,求出 2010 年北京市城市增长的概率。然后,通过设定不同概率为城市扩展的阈值,模拟出 2010 年北京城市扩展空间分布。最后,由不同概率阈值所致的 2010 年城市模拟增长结果与 2010 年城市现状分布对比,采用空间匹配率与总量误差双向指标调控,获得适宜北京的城市扩展概率值。

$$\ln\left(\frac{P}{1-P}\right)=Y=\beta_0+\beta_1 x_1+\beta_2 x_2+\cdots\cdots+\beta_n x_n$$

$$P=\frac{e^y}{1+e^y}$$

其中,Y 为逻辑变量,表征土地利用变化与否;x_1,……,x_n 为影响因素;β_0,……,β_n 为影响系数;P 为土地转化概率。

后工业化时期,随着经济的高速发展与交通通信设施的进一步改善,高收入群体开始朝着更远的郊区迁移以求取更佳的生活环境,同时大规模生产的制造业也更加倾向于郊区布局,逆城市化进程得到了不断推进。实际上,逆城市化现象是城市越过郊区向更为广泛的地区延伸,是城市在更大空间尺度上的增长,最终引发了城市蔓延。城市蔓延使得城市增长呈现了失控状态,严重破坏了自然生态环境,降低了公共投资效益,加剧了城市中心的衰败,并导致了分散、低密度、区域功能单一化城市空间结构特点。为了遏制和防范逆城市化带来的问题,诸如"精明增长""紧凑型城市""新城市主义""城市更新""绿色发展"等理念不断兴起。在实际操作层面中,交通导向下的发展模式规划、划定城市空间增长边界与城市绿带政策具有较大的影响力。因此,本文依据基于综合交通可达性的城市增长模拟模型的基本成果,系统揭示城市增长的影响因素和主要模式,由此透视综合交通可达性导向发展模式的制约要素与主要问题。在此基础上,从交通规划和空间增长边界规划两类城市增长调控方式出发,分别对空间增长边界内部与外部的两类调控方式进行耦合分析,以期对调控模式及其组合方式进行效应评估,

---

① 由于同一年份各类可达性指标呈显著相关性,故采用因子分析法求主因子作为可达性静态指标进入回归方程。

② 由于不同年份各类可达性变化指标呈显著相关性,故采用因子分析法求主因子作为可达性动态变化指标进入回归方程。

并获得基于综合交通可达性的城市增长模式的优化调控方案。

4.2　城市空间增长的时空格局分析

4.2.1　城市空间增长的基本过程与区域分异

如图 4-4 所示，展现了 2000 年以来北京市城区增长的空间分布特征。北京城市空间增长发生在首都核心功能区以外，且呈现出较为显著的环状延伸特点。四环与五环之间的空间是城市增长的重要组成区域，而五环与六环之间则是北京市土地开发最为活跃的空间，尤以南五环外与东北五环外为甚。

运用土地利用变化规模分级法，考察北京城市增长的空间格局特征，如表 4-2 所示。土地开发规模最多的视为第一级，共有七个乡镇街道单元，其中通州占有 4 个单元，大兴、顺义、房山分别有 1 个单元。第二级中，海淀与朝阳有少量分布，大部分单元均分布在大兴、通州等城市发展新区。第三级中，海淀、朝阳等城市功能拓展区成为主要的单元分布区域。第四级单元的空间分布也存在相似的空间特征。第五级，由城四区及与其紧邻的拓展区组成。细致观察区县的土地利用变化级别组成情况，海淀、朝阳、石景山作为城市功能拓展区，其主要由第四级、第五级较低的土地利用变化级别单元组成，所占比例分别为 82.76%、78.05%、100.00%。同为城市功能拓展区的丰台，除第一级别外，其他各个级别几近均匀分布。城市发展新区中土地利用变化级别的分布具有区域分异的特征，北部的昌平、顺义由高级别组成的比例较少，比例分别为 36.36%、57.15%。西部的门头沟区则完全没有高级别乡镇街道组成。相反，南部的通州、大兴、房山的比例分别高达 71.43%、100%、100%。

2000 年以来区县土地利用变化级别分布表　　　　　　表 4-2

区县	第一级		第二级		第三级		第四级		第五级		总计
	数量（个）	比例	数量（个）	比例	数量（个）	比例	数量（个）	比例	数量（个）	比例	
东城		0		0		0		0	10	100.00%	10
西城		0		0		0		0	7	100.00%	7
崇文		0		0		0		0	7	100.00%	7
宣武		0		0		0		0	8	100.00%	8

续表

区县	第一级		第二级		第三级		第四级		第五级		总计
	数量（个）	比例	数量（个）	比例	数量（个）	比例	数量（个）	比例	数量（个）	比例	
海淀		0	2	6.90%	3	10.34%	7	24.14%	17	58.62%	29
朝阳		0	1	2.44%	8	19.51%	12	29.27%	20	48.78%	41
石景山		0		0		0	4	44.44%	5	55.56%	9
丰台		0	3	37.50%	2	25.00%	1	12.50%	2	25.00%	8
通州	4	57.14%	1	14.29%	2	28.57%		0		0	7
大兴	1	14.29%	6	85.71%		0		0		0	7
顺义	1	14.29%	3	42.86%	3	42.86%		0		0	7
昌平		0	4	36.36%	3	27.27%	2	18.18%	2	18.18%	11
房山	1	25.00%	3	75.00%		0		0		0	4
门头沟		0		0	2	66.67%	1	33.33%		0	3
总计	7	4.43%	23	14.56%	23	14.56%	27	17.09%	78	49.37%	158

北京市城区 2000 年以来的土地利用演化强度具有区域分异的特征。北京城市空间增长发生在首都核心功能区以外。城市功能拓展区，除分布在南部的丰台之外，海淀、朝阳、石景山区内的土地利用开发速度相对较慢。而在城市发展新区中也有显著的区域分异，位于北部昌平、顺义与西部门头沟的区域土地开发速度远远落后于位于南部的大兴、通州与房山。

4.2.2　城市空间增长的连续性特征分析

根据空间逻辑斯蒂回归模型结果，如图 4-3 所示，仅有 2010 年总人口、2008年第二产业企业数量及 2008 年第三产业企业数量三个变量不显著，其他变量均对城市空间增长解释显著。表征可达性静态指标与动态变化指标均与城市空间增长呈负相关。静态可达性的负相关是指城市空间增长方向优先选择与城市中心距离更近的区位，在北京市"圈层式"空间规划和"棋盘式"交通设施规划的背景下，城市蔓延现象的出现则不足为奇。动态可达性变化指标的负相关结果表明在该时间阶段可达性改善效果越大的区域并不一定会带来更高的土地开发概率。实际上，此类可达性优化区域往往是新近建设的轨道交通设施经过之地，由于远离城市中心，城市建设带有显著的时滞性。而且，结合邻居建设用地百分比呈正相关；农用地、林业用地及水域用地比例呈负相关的结果来看，城市空间增长更加倾向于在成熟的建成区周围。高程的相关系数趋近为零，这与研究区域内高程具有良好的空间同质性相关，而且随着技术手段的提升，高程作为土地开发的门槛在不断减弱。城市总体规划在指导城市空间增长的纲领性地位逐渐受到重视，其法律效应逐年增强。《北京城市总体规划（2004～2020年）》对北京城市空间的合理开发与有序拓展产生了重要影响，城市规划建设区的影响系数达到0.57，处于各类影响因素作用强度之首。在城市发展战略与城市规划的引导下，产业空间重构也对城市空间增长产生了显著影响。例如第二产业企业数量变化率呈正相关，而第三产业企业数量变化率呈负相关。第二产业外迁预示着新的工业用地在远离城市中心的地区增加。与此同时，第三产业逐步置换了占据城市中心位置、集约条件差的第二产业，但第三产业的用地区域主要以旧城改造为主，而且用地性质以高容积率的写字楼为特征。论证了第二产业的空间布局对城市空间扩展的影响，也暗示了第三产业集约高效的用地模式。通过以上分析得知，城市空间增长受城市"面状"空间规划与"点线状"交通基础设施布局引导下呈现较为明显的连续性和可预见性。譬如，城市空间增长方向优先布局在可达性优越的区域、更加倾向于成熟建成区的集中拓展、亦或在各类产业园区集聚发展等。

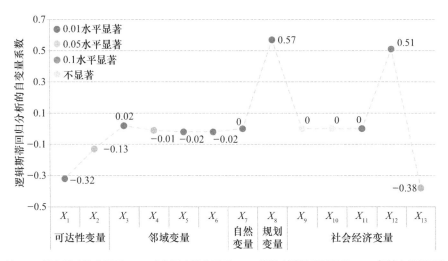

注：X_1：静态可达性主因子；X_2：动态可达性主因子；X_3：邻域建设用地百分比；X_4：邻域农用地百分比；X_5：邻域林业用地百分比；X_6：邻域水域百分比；X_7：高程；X_8：城市规划；X_9：总人口2010；X_{10}：第二产业企业数量2008；X_{11}：第三产业企业数量2008；X_{12}：第二产业企业数量变化率；X_{13}：第三产业企业数量变化率

图4-3　空间逻辑斯蒂回归的成果图

4.2.3 城市空间增长的复杂性特征分析

城市是一个典型的自组织系统，由众多主体和要素构成，这些要素之间无时无刻不在发生着紧密和频繁地相互作用。这种相互作用的结果可以表征为城市空间增长的确定性与可预知性，也可以因为非线性复杂作用产生空间突变。进一步通过空间逻辑斯蒂回归模型模拟 2010 年的建设用地分布表明，空间逻辑斯蒂模型所揭示的城市空间增长机制仅仅能够正确地解释城市扩展的 70%。如图 4-4 所示，得以准确预测的新增建设用地往往分布在既有建设用地周围或城市规划建设区附近。而远离建设用地和规划区的地域确是模型无法准确预知的，从而说明了城市具备了可预知性和不可预知性特征。

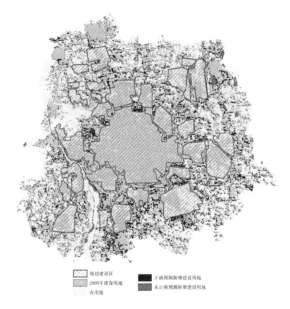

图 4-4 基于空间逻辑斯蒂模型的城市增长模拟结果

如图 4-5 所示，分别统计了与建成区不同距离的新增建设用地数量和模型正确模拟的比例。可以看到，新增建设用地基本集中在距建成区 300 ～ 700m 的区域，此区域新增建设用地面积累积达到总新增面积的近 95%。而且随着远离建成区距离的增加，新增建设用地的数量就会迅速减少。细致观察模型模拟的正确预测率变化曲线，即使在建成区周围模型模拟的正确率也无法达到 100%，而且随着远离建成区新增建设用地的减少，模型模拟正确率也在陡减。值得说明的是，即使当前众多基于复杂性理论的空间预测模型层出不穷，却也只能无限逼近真实世界，不能在预测准确性上做到尽善尽美。城市空间增长的复杂性特征是城市固有属性，也是对弹性规划管控强烈诉求的重要症结所在。

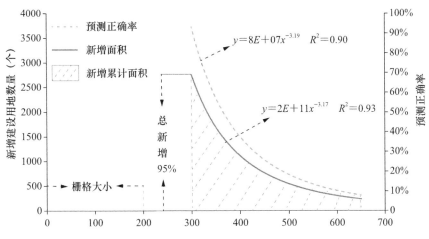

图 4-5　新增建设用地数量与预测正确率随远离建成区距离的动态变化示意

4.3　基于综合交通可达性的城市增长预测模拟与模式评析

4.3.1　城市空间增长预测模拟分析

根据城市增长模拟模型，获取了 2000 年以来北京城市增长的主要影响因素，包括静态可达性主因子、动态变化可达性主因子、领域建设用地百分比、领域农用地百分比、领域林业用地百分比、领域水域百分比、城市规划、第二产业企业数量变化率及第三产业企业数量变化率。众多变量中除 2010 年总人口、2008 年第二产业企业数量及 2008 年第三产业企业数量不显著以外，其他变量分别在 0.1，0.05，0.01 水平上显著。值得说明的是，高程在本次逻辑回归模型中呈显著相关，但其影响系数几近为零，故在城市增长模拟中不再引入。再者，我们采用五次逻辑回归影响因素系数的平均值，根据下列公式，代入 2000 ~ 2010 年主要影响因素及其影响系数，求出 2010 年北京城市扩展的概率。

$$\ln\left(\frac{P}{1-P}\right)=Y=\beta_0+\beta_1x_1+\beta_2x_2+\cdots\cdots+\beta_nx_n$$

$$P=\frac{e^y}{1+e^y}$$

其中，Y 为逻辑变量，表征土地利用变化与否；x_1，……，x_n 为影响因素；β_0，……，β_n 为影响系数；P 为土地转化概率。

随后，通过设定不同的城市增长概率，模拟出 2010 年北京城市增长分布。分别设置 0.45、0.5、0.55、0.6、0.65、0.7、0.75、0.8 作为城市增长阈值，模拟出不同阈值下 2010 年北京城市增长空间分布，如图 4-6 所示。可以看到，随着阈值的升高，城市空间在不断减少。当 P 等于 0.45 时，除西北部的主要山体与西南部的主要水体之外，几乎全部由城市建设用地覆盖。当 P 等于 0.8 时，除主城区及其紧邻地区为连片建设用地，其余区域的建设用地即是零散分布，但城市沿主要交通设施扩展的空间分布规律清楚可见。

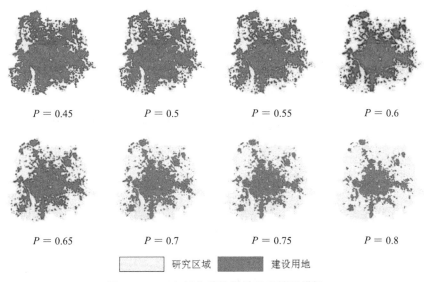

图 4-6   2010年城市建设用地的多情景模拟

最后，通过比较 2010 年城市建设用地分布模拟结果与城市建设用地现状分布图，综合采用建设用地总量预测误差与空间匹配率，甄别符合北京城市增长规律的最优阈值。建设用地总量的预测误差随着阈值的增加先减少后升高，当 $P＝0.55$ 时，误差减至最小，随后又不断增加。与此不同的是，建设用地空间匹配率随着阈值的增加先升高后减少，当 $P＝0.65$ 时，匹配率升至最高，随后又不断减少。因此，选择 $P＝0.6$ 作为北京城市增长的转化阈值。

4.3.2　城市空间增长模式评析与调控优化

如图4-7所示，城市扩展密集发生在建成区周围交通可达性优越的区域，随着与城市中心的距离增加，城市增长的概率降低，反映了北京单中心的城市增长模式。纵使北京多次试图通过城市总体规划修编改变该类模式，但终究没有得到实质性改善。实际上，在政府的空间规划引导下城市新的职能中心均是优先布局在可达性优越的区域，基本沿袭了单中心的圈层环绕格局，进而加固了城市摊大饼式的扩展。例如，在《北京市城市总体规划2004～2020年》中，要求逐步形成"两轴—两带—多中心"的城市空间发展格局。为了有效引导并调控城市空间增长方向，《北京市城市总体规划2004～2020年》对北京全域划定了空间建设限制性分区。但是，城市规划建设区均镶嵌在城市环路之间，而且拟建设的多个服务全国、面向世界的城市功能区，没有形成真正意义的得以疏散主城区人口与职能的城市副中心，"圈层式"空间规划反而固化了城市单中心的发展模式。逻辑斯蒂模型成果中，城市规划的显著程度与高影响系数侧面印证了上述分析，换言之，一个非理性或失调的空间规划体系往往错过跳出原有空间发展路径的机会。

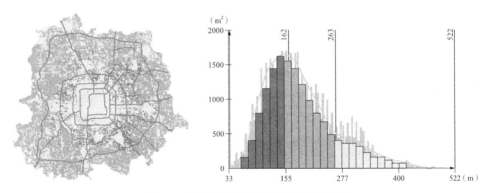

图4-7　交通可达性与新增建设用地示意

如图4-8所示，可达性提升程度越大的区域并不一定带来更高的城市增长概率，即动态可达性改善最优的区域城市增长速度却较缓慢，而可达性相对改善较慢的区域城市增长速度反而较快，主要源于北京南城北城的交通设施配置与产业发展差异。北部可达性提升力度大，同时在政府规划与"北部宜居"传统观念的影响下，促进了天通苑、回龙观等大型居住社区与第三产业的迅速发展。与南部以加工制造业等低容积率为特征的城市扩展方式相比较，北部土地利用相对集约、节约。而且，我国"新城"和"新区"建设往往采用低密度蔓延模式，严重削弱了交通可达性对城市增长的引导作用，发挥可达性动态变化对城市增长的引导作用，是破解城市蔓延式扩张，优化城市空间结构的有效手段。同时，动态可达性变化指标呈负相关也传递了依托建成区的城市扩展概率远远大于由于诸如轨道交通建设带来可达性快速改善区域的概率。因此，需要做好城市建设与交通规划的衔接工作，充分利用交通基础设施建设所引发的可达性提升效应，合理安排项目类型、建设方案与开发时序。

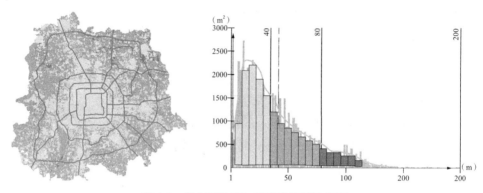

图 4-8   规划建设区与新增建设用地示意

为了优化基于综合交通可达性的城市增长模式，从"线状"交通规划和"面状"空间增长边界规划两类城市增长调控方式出发，分别对空间增长边界内部与外部的两类调控方式进行耦合定量对比研究，如图 4-9 所示。与全域模型结果不同的是，首先在空间增长边界内部的动态可达性主因子成为不显著变量，而该指标在空间增长边界外部时负相关系数增至 −0.004，印证了交通基础设施对城市增长具有引导作用，但是"面状"空间增长边界规划将削弱甚至抵消此类"线状"引导力量。其次，空间增长边界内部的邻域建设用地百分比也成为不显著变量，而该指标在空间增长边界外部时正相关系数升值 0.025，既充分说明了城市蔓延发展的惰性，又表征空间增长边界内部城市临近建成区拓展现象失效，折射出"面状"空间规划在引导城市增长方面的决定性作用。这也从模型角度进一步反映了空间规划管控的重要意义，并解释了北京市单中心蔓延发展成因的规划缘由。因此，基于综合交通可达性的城市增长调控模式的优化方案，要以"线状"交通基础设施规划为基础，并合理耦合"面状"空间规划，才能更为有效地引导城市空间良性增长并预防规划失效。

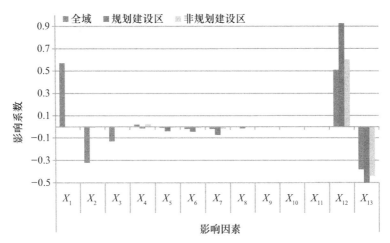

注：X_1：城市规划；X_2：静态可达性主因子；X_3：动态可达性主因子；X_4：领域建设用地百分比；X_5：领域农用地百分比；X_6：领域林业用地百分比；X_7：领域水域百分比；X_8：高程；X_9：2010 年总人口；X_{10}：2008 年第二产业企业数量；X_{11}：2008 年第三产业企业数量；X_{12}：第二产业企业数量变化率；X_{13}：第三产业企业数量变化率

图 4-9　多方案逻辑斯蒂回归模型结果对比

4.4　小结

（1）顾及城市实体内部的非均质性，差别化对待一般交通方式与轨道交通方式，采用矢栅一体化的综合交通可达性测度的方法求取各类可达性。在此基础上，构建了囊括综合可达性因素、自然因素、邻域因素、规划因素以及社会经济因素的逻辑斯蒂城市增长模拟与预测模型。

（2）城市空间增长机制在社会经济快速发展与转型时期，突出展现出连续性、复杂性与时空异质性并存的特点。一方面，城市空间增长表现出优先布局在可达性优越的区域、更加倾向于成熟建成区的集中拓展、抑或在各类产业园区集聚发展的特征。另一方面，城市空间增长的复杂性特征决定了其不完全可预知性。当前我国正在处于快速城市化进程中，在正确认识和充分利用城市空间增长机制的基础上，合理复合空间调控方案以共同引导城市空间有序增长显得尤为重要。

（3）系统揭示了北京城市扩展的影响因素和城市单中心的发展模式，透视

"圈层式"空间规划是影响综合交通可达性导向发展模式的主要制约要素。从交通规划和空间增长边界规划两类城市扩展调控方式出发，分别对空间增长边界内部与外部的两类调控方式进行耦合分析，定量佐证了"面状"空间规划在引导城市扩展方面的决定性作用。提出了要以"线状"交通基础设施规划为基础，并耦合嵌套使用"面状"空间规划的城市扩展调控模式的优化方案。

本章参考文献

［1］Nijkamp, P., Borzacchiello, M.T., Ciuffo, B., Torrieri, F. Sustainable urban land use and transportation planning: a cognitive decision support system for the Naples Metropolitan Area. International Journal of Sustainable Transportation, 2007, 1（2）, 91-114.

［2］Yang, J.Y and Gakenheimer, R. Assessing the transportation consequences of land use transformation in urban China. Habitat International, 2007, 31, 345-353.

［3］刘保奎，冯长春. 城市轨道交通对站点周边土地利用结构的影响. 城市发展研究,2009,4：149-155.

［4］Knight, R.L., Trygg, L.L. Land-use impacts of rapid transit systems: implications of recent experience. Final Report Prepared for the US Department of Transportation, 1977.

［5］Arrington Jr., G.B. Light rail and land-use: a Portland success story. Paper presented at Transportation Research Board meeting, WashingtonDC, January, 1989.

［6］Workman, S.L., Brod, D. Measuring the neighborhood benefits of rail transit accessibility. Presented at 76th Annual Meeting of the Transportation Research Board, WashingtonDC, 1997.

［7］Boyce D, Allen W B, Mudge R, et al. Impact of rapid transit on suburban residential property values and land development: Analysis of the Philadelphia Lindenwold high speed line1. Final Report to the US Department of Transportation, Department of Regional Science, University of Pennsylvania, 1972.

［8］Allen W, Boyce D. Impact of high-speed transit facility of residential property values. High Speed Ground Transportation, 1974, 8(2):53-601.

［9］聂冲，温海珍，樊晓锋. 城市轨道交通对房地产增值的时空效应. 地理研究，2010，29（5）：801-809.

［10］Sivitanidou R. Do Office - Commercial Firms Value Access to Service Employment Centers? A Hedonic Value Analysis within Polycentric Los Angeles1 Journal of Urban Economics, 1996, 40: 125-149.

［11］Han B R. Neighborhood land value changes from subway construction: Case study generalized least squares DankookUniversity Regional Studies, 1991, 11: 125-1461.

［12］郑捷奋，刘洪玉. 深圳地铁建设对站点周边住宅价值的影响. 铁道学报，2005，27（5）：11-181.

［13］Heenan, G.W.　The economic effect of rapid transit on real estate development.　Appraisal Journal, 1968, 36(2).

［14］Meyer, J.R., Gomez-Ibanez, J.A.　Autos, Transit and Cities.　HavardUniversity Press, 1981.

［15］Bowes D R, Keith R I.　Identifying the Impacts of Rail Transit Stations on Residential Property Values.　Journal of Urban Economics, 2001, 50: 8-131.

［16］邓羽，蔡建明，杨振山，王昊．北京城区交通时间可达性测度及其空间特征分析．地理学报，2012（2）.

［17］王姣娥，金凤君，莫辉辉，楚波．TOD 开发模式解析及研究述评，交通与运输，2007，（12）：19-22.

［18］Cevero R.　Transit-oriented development inAmerica: Experiences, challenges, and prospects.　Washington, DC: Transportation Research Board, 2004.

［19］周春山．城市空间结构与形态．北京：科学出版社，2007.

［20］黄亚平．城市空间理论与空间分析．南京：东南大学出版社，2000.

［21］约翰·冯·杜能．孤立国同农业和国民经济的关系．吴衡康译．北京：商务印书馆，1986.

［22］Harris C D, Ullman E L.　the nature of cities.　The annals of the American academy of political and science, 1945, (242): 7-17.

［23］Batty M, Longley P A.　Fractal Citiqes: A Geometry of Form and Function.　London: Academic Press, Harcourt Brace & Company, Publishers, 1994.

［24］Albert Z.　Guttenberg.　Urban Structure and Urban Growth.　Journal of the American Planning Association.　1960, (2): 104-110.

［25］Krugman Paul R.　The Self-Organizing Economy.　Oxford: Blackwell Publisher, 1996.

［26］Henderson V. and Randy Becker.　Political economy of city sizes and formation.　Journal of Urban Economics, 2000, 48(3): 453-484.

［27］Allen P M, Sanglier M.　Urban evolution: Self-organization and decision-making.　Environment and Planning A, 1981, 13（2）：167-183.

［28］Portugali J.　Self-organizing cities.　Futures, 1997, 29(97): 131-138.

［29］Haken H, Portugali J.　The face of the city is its information.　Journal of Environmental Psychology, 2003, 23(4): 385-408.

［30］程开明．城市自组织理论与模型研究新进展．经济地理，2009，29（4）：540-545.

［31］鱼晓惠．城市空间的自组织发展与规划干预．城市问题，2011，（8）：42-46.

［32］仇保兴．复杂科学与城市规划变革．城市发展研究，2009，16（4）：1-18.

［33］仇保兴．复杂科学与城市的生态化、人性化改造．城市规划学刊，2010，（1）：5-13.

［34］仇保兴．简论我国健康城镇化的几类底线．城市规划，2014，38（01）：9-15.

［35］Lopez E, Bocco G, Mendoza M, et al.　Predicting land cover and land use change in the urban fringe: A case in Morelia city, Mexico.　Landscape Urban Planning, 2001, 55(4): 271-285.

［36］Cheng Jianquan, Masser I. Urban growth pattern modeling: A case study of Wuhan city, PR China. Landscape and Urban Planning, 2003, 62(2): 199-217.

［37］Braimoh A K, Onishi T. Spatial determinants of urban land use change in Lagos, Nigeria. Land Use Policy, 2007, 24(2): 502-515.

［38］Liu Yong, Yue Wenze, Fan Peilei. Spatial determinants of urban land conversion in large Chinese cities: A case of Hangzhou. Environment and Planning B: Planning and Design, 2011, 38(4): 706-725.

［39］邓羽. 北京市城区扩展的空间格局与影响因素. 地理研究，2015，34（12）：2247-2256.

［40］邓羽. 城市空间扩展的自组织特征与规划管控效应评估——以北京市为例. 地理研究，2016，35（2）：353-362.

第5章 城市空间演化管控政策的
绩效解构方法与评析研究

　　城市空间管控政策旨在通过城市规划、国土规划等国土资源开发调控与空间秩序管治的基本政策工具，引导形成一个健康、可持续发展的城市形态。我国城市空间演化的管控体系经多年实践与整合，形成了以主体功能区规划、城乡规划和土地利用规划三规共存的多层级网络体系，在指导城市空间开发方向、重点与强度方面起到了积极作用。既有空间管控政策效应分析成果如下，Deal 和 Sun 集成生态学模型、环境影响评价模型和 CA 模型，模拟和预测重大空间管控政策对土地利用变化和环境的影响；黎夏、叶嘉安等将土地利用空间约束划分为全局、区域和局部三类，用全局约束来反映空间管控政策的影响，但模型考虑的空间政策因素过于单一；吴健生等以深圳市为例进行城市管控政策的生态效应研究和评估，其研究仅采用数量控制和空间控制两类生态政策，且政策评估上更多关注生态效益，难以全面地反映管控政策效应。夏畅等将城市数量管控、空间差别化管控及土地利用分区管控等多个政策方案，嵌入元胞自动机的转换规则中，进行耦合管控效应的城市空间多情景模拟与政策分析。除对静态的空间管控方案及实施绩效评估外，对过程的动态监测也处在探索之中，学界将空间管控政策效应分为实施前的效应"预估"、实施中的效应"监测"以及实施后的效应"评估"三方面内容。随着绩效评估理念的综合化以及评估内容的多元化，城市增长空间管控政策绩效评估方法具有显著的定性和定量相结合的特点，以基于遥感影像、GIS分析与问卷调查为代表的评估方法体系正在不断丰富且走向成熟。

　　然而，城市空间管控政策往往以"面状""线状"和"点状"形式复杂"嵌套"于同一城市空间，缺失基于正确认知各类空间管控政策绩效的空间管控体系构建将致使城市空间的无序增长。例如，北京"摊大饼"式的蔓延增长无不与其圈层式"面状"功能布局政策和棋盘式"线状"交通布局政策有着极大关系。再如，"面状"城市功能布局欠妥与"点状"轨道交通站点超前布局带来的高铁站域空城问题等。因此，迫切需要对各类城市增长空间管控政策的实施绩效予以正确认识，进而有利于构建因地制宜和有序嵌套的城市空间管控体系。通过构建依序剥离"面状""线状"和"点状"管控政策的绩效解构方法，评析把握分空间层级、分类型、分嵌套的管控政策绩效，进而为城市空间演化的优化调控政策并提升城市空间治理能力提供坚实的科学依据。

5.1　城市空间管控政策的绩效解构方法构建

5.1.1　管控框架与理论视角

改革开放以来，我国城镇化快速发展，总体规划经历了 1984 年《城市规划条例》、1990 年《中华人民共和国城市规划法》、2008 年《中华人民共和国城乡规划法》3 个重要阶段。城市规划属于我国法定规划编制体系中的重要组成部分，在全国各类城市的发展与建设中起到了重要作用。直辖市的总体规划、省和自治区人民政府所在地的城市报国务院审批；其他城市的总体规划，由所在省、自治区人民政府审批；市辖的县城的总体规划，报市人民政府审批。城市规划一般包括战略性内容、空间区划及其附着在空间区划上的管理政策。战略性内容一般由上级审批政府，通过主体功能区划、社会经济发展规划或土地利用规划中确定其必须遵守的纲领性内容，城市规划中确立的定位、功能与发展规模必须符合上级规划要求。由此，空间区划则是中国当前城市政府进行城市规划与管理的核心所在，用来调控城市空间增长与开发方向。

城市空间区划一般包括三类区域和六类规划线。三类区域是指非农建设区（城镇建设区）、不准建设区（区域绿地）、控制发展区（发展备用地）三大类型，其中城镇建设区内部根据城市开发与更新的需求，又进一步细分为住宅、商服与工业等规划建设区。六类规划线是指建立城镇拓展区规划控制线、道路交通设施规划控制线、市政公用设施规划控制线、水域岸线规划控制线、生态绿地规划控制线、历史文化保护规划控制线"六线"规划控制体系。其中，道路交通规划与城镇建设规划区往往存在空间叠合情况，而其是否合理嵌套配置对城市空间增长与开发引导起到很大作用。本书重点关注城市规划中城镇建设区在不同空间尺度上对城市空间增长与开发方向的管治作用，主要包括全域尺度上城镇建设区对城市空间增长的管控作用、中观尺度上将其细分类后在引导城市开发与更新的管控作用，以及微观尺度上与道路基础设施嵌套后的作用差异，图 5-1 是中国城市规划管控框架与绩效研究视角。

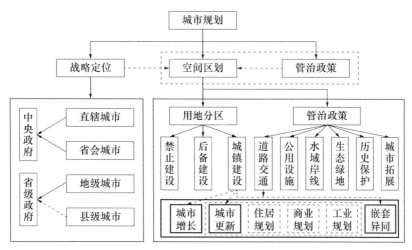

图 5-1　中国城市规划管控框架与绩效研究视角

5.1.2　研究区域与数据来源

　　深圳市地处广东省东南部沿海，珠江三角洲东岸。自改革开放以来，深圳市经济高速增长，GDP 从 1981 年 4.95 亿元增加到 2014 年 16001.82 亿元，人均 GDP 从 1981 年的 1417 元增加到 2014 年的 136947 元。全市总面积 1952.84km²，总人口 346.60 万人。全市下辖南山区、龙华区、宝安区、光明区、福田区、罗湖区、盐田区、大鹏区、坪山区、龙岗区。

　　深圳市于 1979 年设市，1980 年《广东省经济特区条例》颁布，在深圳市境内划出 327.5km² 地域设置经济特区。地域包括罗湖、福田、南山、盐田 4 个区，此后形成了特区内外之分的二元空间发展结构。特区成立之后，市政府先后编制了 1982 年的《深圳经济特区总体规划》和 1986 年的《深圳经济特区总体规划（1986～2000 年）》，规划通过组团与点轴式的空间布局方案管控特区内的城市扩展。但是由于特区外未进行系统规划，其开发随机性较强，造成了特区外土地的无序开发。为了进一步管控城市的无序蔓延，深圳市政府编制了《深圳城市总体规划（1996～2010 年）》，该规划覆盖全域并试图通过协调的方式引导和控制城市发展与土地利用，同时，组团和点轴发展结构也随即拓展到全境范围。特区内主要发展贸易、金融、科技等产业，城市发展以土地更新为重点；特区外以工业和农业布局为主，发展特点以外延式扩张为重点。轨道交通的布局作为城市规划的一个重要组成部分，对城市开发与再开发起到重要的引导作用。截至2010年，深圳市建成轨道交通总长249.39km，主要在特区内布局。

土地利用数据来源于深圳市2000年和2010年两期土地利用变更调查数据。两期土地利用数据采用的分类体系分别是土地利用现状分类体系以及第二次全国土地调查土地分类体系。交通矢量数据来源于深圳市规划与国土资源委员会。规划数据以《深圳城市总体规划（1996～2010年）》建设用地分区矢量图为依据。2000年和2010年两期人口数据来源于哈佛大学世界数据中心。高程数据来源于中国科学院资源环境数据中心的90m空间分辨率DEM栅格数据。

5.1.3　绩效解构模型方法

采用回归模型来定量刻画影响因素与城市空间增长的关系，并且识别出关键影响因子。与线性回归及变型线性回归相比较，逻辑回归在社会经济领域的应用更具优越性。在复杂的社会经济体系中，影响城市发展的各种因素往往不具备常规假设前提，这些因素由连续型变量与分类变量共同组成，逻辑回归则能够表达这些变量并组建回归模型。logistic模型被广泛应用于探求影响城市发展的主导因素及驱动机制。logistic回归能确定解释变量 X_n 在预测分类因变量 Y 发生概率的作用和强度。假定 X 是反应变量，P 是模型的响应概率，相应的回归模型如下：

$$\ln\left(\frac{p_1}{1-p_1}\right)=\alpha+\sum_{k=1}^{k}\beta_k X_{ki}$$

式中，$p_1=P(y_i=1\,|\,X_{1i},\ X_{2i}\cdots\cdots,\ X_{ki})$ 为在给定系列自变量 X_{1i}，$X_{2i}\cdots\cdots$，X_{ki} 的值时事件的发生概率，α 为截距，β 为斜率。发生事件的概率是一个由解释变量 X_i 构成的非线性函数，表达式如下：

$$P=\frac{\exp(\alpha+\beta_1 X_1+\beta_2 X_2+\cdots\cdots+\beta_n X_n)}{1+\exp(\alpha+\beta_1 X_1+\beta_2 X_2+\cdots\cdots+\beta_n X_n)}$$

发生比率（odds ratio）用来对各种自变量的logistic回归系数进行解释。在logistic回归中通常用发生比率来理解自变量对事件概率。发生比率用参数估计值的指数来计算：

$$\text{odd}(p)=\exp(\alpha+\beta_1 X_1+\beta_2 X_2+\cdots\cdots+\beta_n X_n)$$

利用SPSS工具中的Binary Logistic模块计算出模型的回归系数、回归系数估计的 Waldχ^2 统计量、回归系数估计的显著性水平 P 和发生比率 OR 等参数来表征城市扩张的影响机制。回归系数值为正的时候表示解释变量每增加一个单位值时发生比会相应增加。相反，当回归系数为负值时说明增加一个单位值时发生比会相应减少。Waldχ^2 统计量表示在模型中每个解释变量的相对权重，用来评价每个解释变量对事件预测的贡献力。OR 值表示自变量每变化一个单位，因变量发生改变的概率。

模型估计完成以后，需要评价模型如何有效地描述反应变量及模型配准观测数据的程度。在应用包括连续自变量的 logistic 回归模型时，HL 是被广为接受的拟合优度指标。当 HL 指标统计显著表示模型拟合不好；相反，当 HL 指标统计不显著表示模型拟合好。HL 计算公式为：

$$HL=\sum_{g=1}^{G}\frac{(y_g-n_g\hat{P}_g)}{n_g\hat{P}_g(1-\hat{P}_g)}$$

式中，G 代表分组数，且 $G\leqslant10$；n_g 为第 g 组中的案例数；y_g 为第 g 组事件的观测数量；$\hat{P}_g$ 为第 g 组的预测事件概率；$n_g\hat{P}_g$ 为事件的预测数。

（1）因变量

研究深圳全域时，以新增建设用地为因变量，以 1 代表农用地转变为了建设用地，0 代表农用地保持了原状。研究特区空间内时，因变量分别为建设用地更新为工业用地、城镇住宅用地、商业服务用地的土地，以 1 和 0 分别代表某类土地是否发生了对应的更新。以居住用地为例讨论居住空间与轨道交通的耦合管控效应时，建设用地更新为居住用地赋值为 1，其余更新情况赋值为 0。需要说明的是，2000 年的土地利用分类体系与 2010 年的土地利用分类体系不一致。2000年建设用地分类中包含城镇、农村居民点、工矿用地、特殊用地以及交通水利用地，且城镇用地中未区分工业、住宅和商业服务用地。在做城市建设用地更新分析时，我们只考虑工矿用地、特殊用地以及交通水利用地更新为工业、城镇住宅以及商业服务用地的情形。

（2）自变量

城市空间增长与交通可达性、空间政策、邻域用地、社会经济因素、自然因素等因素密切相关。除空间管控政策以外，本研究还包括交通因素、土地利用因素、邻域因素、人口因素以及自然因素，建立模型自变量体系，选取 16 个因子作为自变量因子来反映深圳城市空间扩展的驱动因素，见表 5-1。具体为：

交通及区位因素：交通在城市空间结构形成过程中起着重要的作用。交通可达性定义了区域各部分到经济和社会中心的可达性。交通可达性是城市居住、商业和工业活动最重要的考虑因素之一。本研究拟选取离高速路距离、离国道距离、离省道距离、离城市主干道距离、离城市次干道距离、离城市支路距离、离地铁站点距离、离市政府距离8个因子，来探究交通因素对城市空间增长的影响。

土地利用因素：邻域因素隐含了土地利用决策相互之间的空间关联，即地块的城市化可能性大小与其邻域的用地情况有着紧密联系。鉴于深圳市土地利用现状特征，本研究选择邻域建设用地比例、邻域林业用地比例、邻域农业用地比例、邻域水域比例和邻域未利用地5个自变量因素。

人口扩展：人口密度反映劳动力数量、劳动力可获取性和本地市场情况，通常被考虑作为影响土地利用决策的因素。因此，本研究利用了2000年和2010年人口密度数量以及2000～2010年人口密度变化数量3个自变量因素来反应深圳市城市空间增长影响因素。

自然因素：研究范围内的自然条件较为一致，但是地形因素可能会影响到人口分布特征和土地开发的成本，是有关城市空间增长模型必选因素之一。

自变量及其数值统计　　　　　　　　　　表 5-1

变量名称		时间节点（年）	变量类型	变量统计			
				最小值	最大值	平均值	方差
因变量							
	新增建设用地	2000～2010	二分变量	0	1.00		
自变量							
交通因素	离高速路距离（m）	2010	连续变量	0	38041.03	6211.09	8399.93
	离国道距离（m）	2010	连续变量	0	42723.53	7821.95	9534.87
	离省道距离（m）	2010	连续变量	0	24824.38	3849.05	4673.22
	离城市主干道距离（m）	2010	连续变量	0	34016.46	4928.39	7032.53
	离城市次干道距离（m）	2010	连续变量	0	14159.80	1444.84	2010.87
	离城市支路距离（m）	2010	连续变量	0	11537.76	323.61	640.75
	离地铁站点距离（m）	2010	连续变量	0	44485.50	9755.55	10017.23
	离市政府距离（m）	2010	连续变量	0	59890.98	26691.44	12884.33
自然因素	地形（DEM）	2000	连续变量	−23.52	897.65	96.58	102.68
人口因素	2000年人口密度密度	2000	连续变量	2.97	140.81	36.08	27.48

续表

变量名称		时间节点（年）	变量类型	变量统计			
				最小值	最大值	平均值	方差
人口因素	2010 年人口密度密度	2010	连续变量	1.91	152.63	47.80	31.16
邻域因素	邻域建设用地（%）	2000	连续变量	0	100.00	31.37	42.36
	邻域未利用地（%）	2000	连续变量	0	100.00	5.94	19.20
	邻域水域（%）	2000	连续变量	0	100.00	11.54	28.15
	邻域林地（%）	2000	连续变量	0	100.00	33.19	43.54
	邻域农用地（%）	2000	连续变量	0	100.00	17.96	33.38
空间政策因素	城市规划	2010	二分变量	0	1.00		
	原特区内外	2000	二分变量	0	1.00		

关内城市更新影响因素研究中，自变量的选取参照深圳全域建模，但也有所不同，主要包括：一是去除"特区"空间政策；二是由于关内以建设用地为主，用地类型单一，因此去除了邻域因子；三是，将城市建设用地分区细化为居住空间规划、商业空间规划与工业空间规划三类管控政策类型。居住空间与轨道交通的耦合管控效应研究中，自变量的选取参照关内城市更新影响因素，但也有所不同，主要包括：一是仅考虑居住空间规划政策因子；二是由于离地铁站点距离与交通可达性主因子具有强共线性关系，仅选择了离地铁站点距离作为交通可达性因子的表征变量，也有利于重点探讨地铁站点的设置对城市空间更新的影响。

logistic 回归模型的输入自变量要求消除空间样点的自相关性，否则将影响参数估计的稳定性与有效性。本次空间采样策略采用随机抽样与系统抽样相结合的方法。首先，对全体样本采用系统采样方式，以任意点为起始点，以 500m 等距采样。然后，对该系统采样结果分为两大类，即 0 值与 1 值。最后，对不同数值的样本随机采样相同数量的样本，对 0 值与 1 值分别抽取 1000 个样点。将两类样本组合为最后待研究的空间样本集。我们根据上述抽样策略，得到 5 个样本集合，进行逻辑回归分析，比较回归的结果，从而证明模型本身及结果的可信性。

交通可达性所含的各类指标之间呈显著的正相关关系，除了离城市支路的距离这一因子与其他因子相关性较小以外，其他因子之间相关性极高，相关系数绝大多数在 0.7 以上。因此，本研究采用因子分析的方法，提取出可达性指标的第一主因子，作为城市扩展因素回归模型的可达性指标输入。同时，对邻域栅格图各因子做了相关性分析，各因子之间的相关性均比较小，相关性基本上都在 0.3 以下。因此，将所有的邻域因子都纳入城市扩张回归模型研究。第三，对人口各因子做相关性分析，2000 年人口密度与 2010 年人口密度相关性系数为0.89，相关性较高，人口密度变化因子与两个年份人口密度相关性分别为 0.05 和 0.47，相关性都相对较低。因此，本文选取 2000 年人口密度和 2000 ～ 2010 年人口密度变化因子纳入回归模型。由此，既能降低 logistic 回归模型的指标维度，减少模型指标的多重共线性，又可以进一步保障模型结果的可行性与稳定性。

5.2 城市空间管控政策的绩效评析

5.2.1 城市空间管控政策的绩效解构方案

拟从三个空间尺度来研究城市空间增长机制与管控政策效应，见图 5-2。首先，是深圳全域，空间管控政策包括"特区"政策空间和城市规划增长空间。接下来，关注特区政策空间内，将城市规划增长空间政策类型细分为居住空间、商业空间与工业空间。最后，着重关注"面状"居住空间与"点线状"轨道交通规划的耦合效应。研究方法是在不同空间尺度分别采用对应管控政策变量、可达性变量、邻域变量、自然因素变量以及社会经济变量的逻辑斯蒂模型来定量揭示城市空间增长机制与管控政策效应。对于单一政策类型，重点关注逻辑斯蒂模型中空间管控政策的系数符号正负、系数大小等，从作用类型、作用程度与作用模式三个维度把握城市空间增长管控政策的实施绩效；对于多政策类型组合，重点分析不同政策的效应差异及其驱动机制；对于不同类型的政策嵌套（如面状与点线状交叠），着重分析政策嵌套效应及其驱动机制。

该研究方案的特点在于，可以在把握全域空间管控政策实施绩效的基础上，将全域空间管控政策细化为低层级区域的不同管控政策类型，并同理构建逻辑斯蒂模型并着重关注不同类型政策及其组合政策的管控效应差异。最后，着重通过居住空间与轨道交通的耦合管控对比研究，来甄别面状空间管控政策与点线状管控政策的耦合所带来的影响效应差异及其驱动机制。通过自上而下不同空间尺度的依序分析，以最终达到定量识别分空间层级、分类型、分嵌套的空间管控政策绩效。

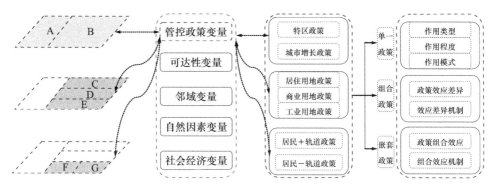

注：A：特区范围；B：城市规划增长空间；C：工业用地区；D：商业用地区；E：居住用地区；F：居民与轨道嵌套区；G：居民与轨道分离区。

图 5-2　研究方案

5.2.2　城市空间增长影响因素与管控政策绩效

将 Logistic 回归分析模型运行 5 次，5 次运行回归系数 β，Waldχ^2 值，Odds Ratio 值以及显著性水平 Sig. 的标准偏差结果基本保持一致。模型的 Log likelihood 最高达到 1838.10，且 Cox & Snell R^2 与 Nagelkerke R^2 系数分别约为 0.37、0.50，H-LTest 值约为 0.39 > 0.05，同时模型运行准确率达 78.40%，可以认为模型是可信的。Logistic 回归结果显示，有 8 个因子进入了回归模型并且在 0.05 水平上显著。2000 年人口密度、邻域水域、邻域林地、邻域农用地以及城市规划因子此 5 个因子不显著，并且未进入回归模型。

如表 5-2 所示，在具有显著性自变量中，支路密度与交通可达性主因子均与城市建设用地新增呈负相关关系，表明随着可达性程度的降低，城市扩展的概率在不断下降。邻域建设用地因子与建设用地新增呈负相关关系，表明现有建设用地比例越高，新增建设用地量越少，这与研究时间段内新增建设用地主要集中在关外相吻合。邻域建设用地的 Odds Ratio 值表明，现状建设用地比例每提高一个单位，建设用地新增的概率将降低 0.27 倍。邻域未利用地比例与建设用地新增呈正相关关系，表明深圳市对未利用地的利用效率较高。邻域未利用地比例的 Odds Ratio 值表明，邻域未利用地比例每增加一个单位，建设用地新增的概率将提高 1.92 倍。2000 ～ 2010 年的人口密度增长与建设用地新增呈正相关关系，表明人口快速增长区域对建设用地的新增有较强的驱动作用。Odds Ratio 值人口密度每增加一个单位，建设用地新增的概率将提高 1.38 倍。高程因子与建设用地新增的概率呈负相关关系，高程越大，建设用地新增的概率越小，这反映了深圳市在丘陵地带进行土地开发的特征。

　　重点关注两类空间管控变量包括特区空间和城市增长空间的管控效应如下，模型结果表明特区空间政策变量与建设用地新增呈负相关关系，表明在政策区内建设用地新增概率较低，政策区外建设用地新增的概率较高。Odds Ratio 值表明关外建设用地新增的概率比关内高 0.83 倍。关内外差异的主要原因在于，深圳特区设立以来集中建设的空间范围均位于关内，至研究时间段时关内已经没有大批量空闲空间供土地开发，而新增建设用地集中在关外，该变量的显著负相关也进一步佐证了研究期内深圳城市用地变化的总体特征与特区空间政策的管控效应。反观城市空间规划与新增建设用地关系并不显著，其主要原因是城市规划新增建设区的管控实效在关内关外出现了极大的差异，关内城市规划管控效应好，新增建设用地基本均位于规划区内，而大部"未规先用"的建设用地出现在关外区域。据统计，研究时段内在规划建设范围以外共计新增 26728.67 hm² 建设用地，占新增建设用地总量的 80.35%。特区内外的二元土地管理制度，加之既有规划用地难以满足深圳快速人口增长以及社会经济快速发展的空间需求，最终导致关内管控实效良好、关外建设用地大规模无序蔓延、全域城市规划管控失序的局面。

logistic 回归成果表　　　　　　　　　　表 5-2

因子	β	Waldχ^2	Odds Ratio Exp（β）	Sig.
支路密度	−0.98	58.67	0.37	0.000
交通可达性 主因子	−0.61	52.36	0.54	0.000
高程	−1.11	91.32	0.33	0.000
邻域建设用地比例	−1.30	325.55	0.27	0.000
邻域未利用地比例	0.65	49.34	1.92	0.000
关内关外	−0.19	8.82	0.82	0.003
人口密度增长量（2000～2010 年）	0.32	24.44	1.38	0.000
常数	−0.20	147.99	0.82	0.000

续表

因子	β	Waldχ^2	Odds Ratio Exp（β）	Sig.
2000 年人口密度				0.363
邻域水域比例				0.212
邻域林地比例				0.111
邻域农用地比例				0.416
城市规划				0.311

5.2.3　城市空间增长差别化管控的政策绩效分异

分别探讨居民用地、商业用地及工业用地更新的影响因素及其对应空间管控政策的影响绩效。居住用地回归分析显示，模型的 Log likelihood 值为 65.79，且 Cox& Snell R^2 与 Nagelkerke R^2 系数分别为 0.73、0.98，H-L Test 为 $0.92 > 0.05$，同时模型运行准确率达 99.40%。商业服务用地 Logistic 回归分析显示，模型的 Log likelihood 值为 769.95，且 Cox & Snell R^2 与 Nagelkerke R^2 系数分别为 0.75、1.00，H-L Test 值为 $1.00 > 0.05$，同时模型运行准确率达 98.70%。工业用地 Logistic 回归分析显示，模型的 Log likelihood 值为 65.79，且 Cox & Snell R^2 与 Nagelkerke R^2 系数分别为 0.73、0.98，H-L Test 为 $0.92 > 0.05$，同时模型运行准确率达 99.40%，以上三类模型运行结果可信。

如表 5-3 所示，城镇居住用地更新与 2000 年人口密度以及 2000 ~ 2010 年人口增长量具有显著的正相关关系，表明关内城镇居住用地更新主要考虑现状人口密度以及人口密度的增长量。2000 年人口密度以及 2000 ~ 2010 年人口增长量每增加 1 个单位，城镇居住用地更新的概率就分别增加 5.22 和 4.43 倍。值得注意的是，居住用地更新与交通可达性因子及居住用地规划之间的关系均不显著，这是人口快速增长背景下交通建设的滞后性以及居住规划与交通布局失调造成的。商业用地更新与交通可达性因子及离地铁站点距离呈正相关关系，体现了商业用地后续追加型布局的特点，这表明商业用地更新主要集中在可达性区位优越的区域。商业用地更新与人口因子呈负相关关系，说明商业用地偏向于人口已经相对集中或饱和的区域，以便提升区域功能的完整性与商业服务便捷性。工业用地更新仅与工业用地规划呈显著正相关，由于工业用地的特殊属性及其对人居环境带来的可能影响，往往布局在体现政府强制性意志的工业园区。

城镇居住用地更新 logistic 回归的成果表   表 5-3

因子	β			Waldχ^2			Odds Ratio Exp（β）		
	居住	商业	工业	居住	商业	工业	居住	商业	工业
2000 年人口密度	1.65*	-0.67*	0.09	3.95	0.09	0.01	5.22	0.51	1.1
2000 ～ 2010 年人口增长量	1.49*	-0.37*	-0.48	3.85	0.09	0.63	4.43	0.69	0.62
支路密度	-9.04	0.4*	0.03	0	0.09	0	0	1.49	1.03
DEM	-0.69	-25.83	0.33	0.26	449.02	0.37	0.5	0	1.39
居住用地规划区	23.51			0			16.15		
商业用地规划区		12.77			1168.96			35.14	
工业用地规划区			5.68*			53.51			294.22
离地铁站点距离	-3.34	1.55*	0.83	0.22	0.19	0.91	0.04	4.73	2.29

*显著性。

5.2.4　城市空间增长管控嵌套的政策绩效比对

通过以上分析可知，城市空间增长管控政策往往是相互嵌套的，而且不合理的政策嵌套极易导致管控失效。接下来，分别对居住用地规划与地铁规划交叠与否进行组合对比研究，以此揭示城市空间增长管控政策的嵌套效应。对居住用地规划与地铁规划交叠的 Logistic 回归分析显示，模型的 Log likelihood 值约为 511.60，且 Cox & Snell R^2 与 Nagelkerke R^2 系数分别为 0.58、0.77，同时模型运行准确率达 88.70%。对居住用地规划与地铁规划不交叠的 Logistic 回归分析显示，模型的 Log likelihood 值约为 207.20，且 Cox & Snell R^2 与 Nagelkerke R^2 系数分别为 0.69、0.92，H-L Test 值为 0.45 > 0.05，同时模型运行准确率达 97.0%，可以认为以上两类模型是可信的。

如表 5-4 所示，两类模型中 2000 年人口密度以及 2000 ～ 2010 年人口增长量两个因子均与居住地更新呈正相关关系，表明人口因素是城镇居住地更新重要的促进因素。此外，离地铁站点距离因子与城镇居住地更新均呈正相关关系，进一步佐证了轨道交通对居住地更新的促进作用。第三，支路密度这一因子与城镇居住地更新均呈负相关关系，说明居住用地多是布局在可达性相对较差的区域，也反映了城市交通建设滞后于居住通勤需求。值得注意的是，居住用地规划与地铁规划交叠与否有着迥异的管控效应：居住用地规划与地铁规划交叠模型中，城镇建设用地更新与规划有轨道居住地呈显著的正相关关系，同时 Odds Ratio 值高达 18.22，表明在规划居住范围内，如果进行轨道交通布局，城镇居住地更新的概率将提高 18.22 倍。居住用地规划与地铁规划不交叠模型中，城镇居住用地更新与规划呈负相关关系，表明城镇居住地不在无轨道交通的规划居住区域内布局。通过两组模型的组合对比研究，轨道交通与面状规划的综合嵌套规划将发挥更为显著的正向引导作用。

城镇居住用地更新 logistic 回归的成果表　　　　　　　　　表 5-4

因子	β		Waldχ^2		Odds Ratio Exp（β）	
	有轨道	无轨道	有轨道	无轨道	有轨道	无轨道
2000 年人口密度	0.648*	0.853*	18.379	3.161	1.912	2.346
2000～2010 年人口增长量	1.819*	1.247*	132.517	9.785	6.168	3.481
支路密度	−1.407*	−1.181*	73.793	36.498	0.245	0.307
DEM	0.263*	0.359	3.504	1.301	1.301	1.432
规划有轨道交通居住地	2.902*		61.518		18.217	
规划无轨道交通居住地		−21.13*		21.504		0.000
离地铁站点距离	0.760*	0.853*	33.389	3.161	2.138	2.346

*显著性。

5.3　小结

（1）研究时段内深圳"特区"政策空间和城市规划建设分区政策对"特区"空间的管控绩效较为显著，而城市空间增长失序主要集中在"特区"空间以外，是源自对市场规律与特区内外"二元土地利用政策"等配套机制设计的把握不足。城市空间增长是耦合了"规划管控"与"市场规律"等多方力量的自然历史过程。既有规划用地难以满足深圳快速人口增长以及社会经济快速发展的空间需求，最终导致关内管控实效良好、关外建设用地大规模无序蔓延、全域城市规划管控失序的局面。而且，相似的空间管控政策由于实施背景、时序与保障机制的差异性，也将带来空间响应模式的巨大差异。例如，加拿大多伦多地铁投入运营的时间正好处在多伦多的快速发展时期，轨道交通就能够发挥有效引导城市有序增长的作用。与多伦多地铁相比，旧金山湾区的轨道交通系统投入运营时，旧金山已进入了相对平缓发展期，城市形态已经基本稳定，故而地铁带来的引导效应并不显著。因此，迫切需要对城市空间增长的多方参与机制予以深入认识，准确把握复合空间管控政策的空间发展实效。

（2）一般而言，"面状"空间分区管控对城市空间增长具有强制性管控作用，"线状"交通线路建设通过改变城市可达性来引导城市空间发展演化，而"点状"交通枢纽布局将加速周边区域的产业链更替、空间利用强度改变以及空间形态演化。然而，城市增长空间管控政策往往是由上述三种形态组成，并复杂"叠加"于同一城市空间，非理性的空间管控政策或空间管控政策集的"叠加"将导致规划绩效与预期相左。例如，"面状"居住规划与"线状"交通布局规划严重错位将导致居住规划对居住用地更新的引导性不显著，降低了"面状"空间分区管控的强制性管控作用；而轨道交通与面状规划的综合嵌套将发挥更为显著的正向引导作用，有轨道交通规划的居住用地更新概率将提高 18.22 倍。因此，依序定量甄别和系统认知各类管控政策的绩效与组合嵌套效应，有利于建立基于规划绩效的规划政策遴选配置机制。

本章参考文献

［1］Williams, B. and Shiels, P.. The expansion of Dublin and the policy implications of dispersal. Journal of Irish Urban Studies, 2002，1(1), 1-19.

［2］Commission of the European Communities—CEC(1997). The EU Compendium of Spatial Planning Systems and Policies.Luxembourg: Office for official Publications of the European Communities, 1997.

［3］Wang HJ, He QQ, Liu XJ, et al. Global urbanization research from 1991 to 2009: A systematic research review. Landscape and Urban Planning, 2012, 104(3-4): 299-309.

［4］Liu YB. Exploring the relationship between urbanization and energy consumption in China using ARDL and FDM. Energy, 2009, 34(11): 1846-1854.

［5］Yang Jun, Xie Peng, Xi Jianchao, et al. LUCC simulation based on the cellular automata simulation: A case study of Dalian economic and technological development zone. Acta Geographica Sinica, 2015, 70(3): 461-474.

［6］Li Xia, Yeh Anthony Gar-On. Constrained cellular automata for modelling sustainable urban forms. Acta Geographica Sinica, 1999, 54(4): 289-298.

［7］Wu Jiansheng, Feng Zhe, Gao Yang, et al. Research on ecological effects of urban land policy based on DLS model: A case study on Shenzhen City. Acta Geographica Sinica, 2014, 69(11): 1673-1682.

［8］ Xia Chang, Wang Haijun, Zhang Anqi, Deng Yu. Multi-scenario simulation and policy analysis of urban space under the effects of coupling and controlling. Human Geography, 2017, 32(3): 68-76.

［9］ Guo Yao, Chen Wen. A Literature Review of Progress in Regional Plan Assessment Theory and Methodology. PROGRESS IN GEOGRAPHY, 2012, 31(6): 768-776.

［10］ Foley P J, Hutchinson, Fordham G. Managing the Challenge: Winning and Implementing the Single Regeneration Budget Challenge Fund. Planning Practice & Research, 1998, 13(1): 63-80.

［11］ Talen E. Do Plans Get Implemented? A Review of Evaluation in Planning. Journal of Planning Literature: Incorporating The CPL Bibliographies, 1996, 10(3): 248-259.

［12］ Stem C. Monitoring and evaluation in conservation: a review of trends and approaches. Conservation Biology, 2005, 19(2): 295-309.

［13］ Davoudi S, Evans N. The challenge of governance in regional waste planning. Environment and Planning C: Government and Policy. 2005, 23(4): 493-517.

［14］ Bobrow D B, Dryzek J S. Policy analysis by design. University of Pittsburgh Press, 1987.

［15］ Faludi A. A decision-centered view of environmental planning. Landscape Planning, 1985, 12(3): 239-256.

［16］ Deng Yu. Self-organization characteristics of urban extension and the planning effect evaluation: A case study of Beijing. Geographical Research, 2016, 35(2): 353-362.

［17］ Liu Yong, Yue Wenze, Fan Peilei. Spatial determinants of urban land conversion in large Chinese cities: A case of Hangzhou. Environment and Planning B: Planning and Design, 2011, 38(4): 706-725.

［18］ Braimoh A K, Onishi T. Spatial determinants of urban land use change in Lagos, Nigeria. Land Use Policy, 2007, 24(2): 502-515.

［19］ Jiang Xu. Decoding Urban Land Governance: State Reconstruction in Contemporary Chinese Cities. Urban Studies, 2009, 46(3).

［20］ Zhu Qian. Master plan, plan adjustment and urban development reality under China's market transition: A case study of Nanjing. Cities, 2013, 30.

［21］ Meng Wang, Aleksandra Krstikj, Hisako Koura. Effects of urban planning on urban expansion control in Yinchuan City, Western China. Habitat International, 2017, 64.

［22］ Yehua Dennis Wei. Zone Fever, Project Fever: Development Policy, Economic Transition, and Urban Expansion in China. Geographical Review, 2015, 105(2).

［23］ Wei Wang, Xiaoling Zhang, Yuzhe Wu, Ling Zhou, Martin Skitmore. Development priority zoning in China and its impact on urban growth management strategy. Cities, 2017, 62.

［24］ 顾朝林. 论中国"多规"分立及其演化与融合问题. 地理研究，2015，34（04）：601-613.

［25］ 邓羽. 城市空间扩展的自组织特征与规划管控效应评估——以北京市为例. 地理研究，2016，35（02）：353-362.

［26］ 解永庆. 城市规划引导下的深圳城市空间结构演变. 规划师，2015，31（S2）：50-55.

［27］Arsanjani, Jokar J, Kainz, et al. Integration of logistic regression, Markov chain and cellular automata; models to simulate urban expansion. International Journal of Applied Earth Observation & Geoinformation, 2013, 21(1): 265-275.

［28］Mustafa A M, Cools M, Saadi I, et al. Urban Development as a Continuum: A Multinomial Logistic Regression Approach//International Conference on Computational Science and Its Applications. Springer, Cham, 2015: 729-744.

［29］Tayyebi A, Perry P C, Tayyebi A H. Predicting the expansion of an urban boundary using spatial logistic regression and hybrid raster-vector routines with remote sensing and GIS. International Journal of Geographical Information Science, 2014, 28(4): 639-659.

［30］Alsharif A AA, Pradhan B. Urban Sprawl Analysis of Tripoli Metropolitan City（Libya）Using Remote Sensing Data and Multivariate Logistic Regression Model. Journal of the Indian Society of Remote Sensing, 2014, 42(1): 149-163.

［31］Chen Y, Li X, Liu X, et al. Modeling urban land-use dynamics in a fast developing city using the modified logistic cellular automaton with a patch-based simulation strategy. International Journal of Geographical Information Science, 2014, 28(2): 234-255.

［32］Shu B, Zhang H, Li Y, et al. Spatiotemporal variation analysis of driving forces of urban land spatial expansion using logistic regression: A case study of port towns in Taicang City, China. Habitat International, 2014, 43(4): 181-190.

［33］Jiang W, Chen Z, Lei X, et al. Simulating urban land use change by incorporating an autologistic regression model into a CLUE-S model. Journal of Geographical Sciences, 2015, 25(7): 836-850.

［34］Pereira J, Itami R M. GIS-Based Habitat Modeling using Logistic Multiple Regression.pdf, 1991.

［35］Gilruth P T, Hutchinson C F, Barry B. Assessing deforestation in the Guinea Highlands of West Africa using remote sensing. Photogrammetric Engineering & Remote Sensing, 1990, 56(10): 1375-1382.

［36］DAVID CLARK. World Urban Development: Processes and Patterns at the End of the Twentieth Century. Geography, 2000, 85(1).

［37］Elena G. Irwin，Jacqueline Geoghegan. Theory, data, methods: developing spatially explicit economic models of land use change. Agriculture, Ecosystems and Environment, 2001, 85(1).

［38］Cheng Jianquan, Masser I. Urban growth pattern modeling: A case study of Wuhan city, PR China. Landscape and Urban Planning, 2003, 62(2): 199-217.

［39］Jeffery Allen，Kang Lu. Modeling and Prediction of Future Urban Growth in the Charleston Region of South Carolina: a GIS-based Integrated Approach. Ecology and Society, 2003, 8(2).

［40］Charles Dietzel, Keith Clarke. The effect of disaggregating land use categories in cellular automata during model calibration and forecasting. Computers, Environment and Urban Systems, 2006, 30(1).

第6章　城市空间演化管控政策的
耦合情景模拟与评析研究

在构建城市空间演化管控政策的绩效解构方法，并把握分空间层级、分类型、分嵌套的管控政策绩效的基础上，本章从城市空间演化管控政策的耦合情景模拟方法构建出发，着重耦合城市空间数量管控、发展异质性管控和分区管控政策，尔后对城市空间演化管控政策进行多情景构建与实施耦合模拟，并对不同政策管控下的多情景模拟结果进行对比，评析各类管控政策的实施绩效，以期为城市空间演化的优化调控政策提供理论和方法支持。

6.1　城市空间演化管控政策的耦合情景模拟方法构建

6.1.1　城市空间演化模拟的 CA 模型

在应用 CA 进行城市演化模拟时，每个元胞都被赋予了地理含义，元胞空间为研究区域内的地理空间，元胞状态则反映了土地利用类型。在 CA 模型中，转换规则决定了下一时刻元胞是否发展为城镇建设用地，随着时间的推移，每个元胞依据自身状态和转换规则不断进行转变，而整体上则表现为系统的推演变化。依据 CA 应用目的的不同，可以将其划分为 3 种主要类型，即约束性 CA、预报性 CA 和描述性 CA，本文通过构建约束性 CA 进行不同政策管控下的城市演化情景模拟。城市演化过程具有一定的空间发展规律，可以视为一系列空间影响因子作用的函数，包括交通区位、水文、地形及经济状况等，通常用区域中心距离、高速公路距离、地形坡度和高程等度量，用数学公式描述为：

$$S_0 = a_0 + \sum_{i=1}^{k} (D_i \times P_i) \tag{6-1}$$

式中，S_0 为城市发展适宜性，a_0 为常量，P_i 为各空间影响因子的权重值，D_i 为一组土地利用空间影响因子，$i = 1, 2, 3, \cdots\cdots, k$。在得到计算结果后通过式（6-2）

将其统一到 [0, 1) 值域内。

$$S_0' = \mathrm{Exp}(S_0)/(1 + \mathrm{Exp}(S_0)) \tag{6-2}$$

元胞在下一时刻是否发展为城镇建设用地，除受自身状态的影响外，还与周围的土地利用状况相关。考虑邻域对中心元胞的影响，可以增强城市扩展的紧凑度，防止土地利用空间布局散乱。其定义为：

$$L_{ij} = \frac{\sum\limits_{N \times N} \mathrm{con}(S_{ij} = \mathrm{urban})}{N \times N - 1} \tag{6-3}$$

式中，N 为邻域大小，S_{ij} 为元胞状态，$\mathrm{con}(S_{ij} = \mathrm{urban})$ 为条件函数，计算邻域内已发展为城镇用地的元胞数目。

城市增长过程存在各种随机因素和偶然事件的干预，具有不确定性，为反映城市系统的这种特性，可在模型中引入随机干扰因子，用公式表达为：

$$R = 1 + (-\ln(a))^k \tag{6-4}$$

式中，a 为 (0, 1) 内的随机数，k 为控制随机干扰因子影响的参数，取 [1, 10] 内的整数。道路、河流、陡峭的山体等发展为城镇建设用地的概率较小，因此 CA 模型需要考虑客观的土地利用限制条件，用数学语言描述为：

$$Z_{ij} = \mathrm{con}(S_{ij} = \mathrm{suitable}) \tag{6-5}$$

式中，Z 为条件函数，取值为 0 或 1。综上所述，中心元胞在下一时刻发展为城市用地的概率为：

$$P_{ij} = S_0' \times L_{ij} \times R \times Z_{ij} \tag{6-6}$$

式中，L_{ij} 在每次迭代中随着城市用地发生变化而动态变化，将该发展概率与设定的转换阈值进行比较，判断元胞状态是否发生转变。

表 6-1 为土地利用空间影响因子参数识别。

土地利用空间影响因子参数识别   表 6-1

空间变量	权重	空间变量	权重
一级镇距离	−3.3032	铁路距离	−1.4277
二级镇距离	6.9026	主干道距离	−8.1226
三级镇距离	5.4214	高速公路距离	−3.1350
四级镇距离	−0.1660	区中心距离	−6.6358
常量	−2.0263	—	—

6.1.2　耦合城市空间数量管控

在城市空间增长过程中，土地利用布局不仅受土地利用空间影响因子的影响，也受规划指标调控的制约。城市空间数量管控，即控制城镇建设用地的增量，约束城镇建设用地的总量，防止城市空间增长速度过快。作为约束性 CA，本书依据土地利用规划指标体系，并结合区域总体规划，将新增城镇用地规模 C、新增城镇用地占用耕地规模 n 及新增城镇用地占用其他用地规模（C−n）作为元胞状态更新的迭代终止条件。模型不采用常规的阈值转换模式，而是选择固定迭代次数和每次迭代转换元胞数，依据新增城镇用地规模 C，假设迭代次数为 d，则每次迭代转换元胞数 stepN ＝ C/d，在此基础上，选择区域内发展概率最高的元胞进行转换，用数学语言描述为：

$$S_{ij}^{T+1}=\text{urban} \quad \begin{matrix} \text{if} & S_{ij}^{T}=\text{farm} \cap P_{ij} \in \text{Max} \cap \text{con}(U_1<n)=1 \\ \text{if} & S_{ij}^{T}\neq\text{farm} \cap P_{ij} \in \text{Max} \cap \text{con}[U_2<(C-n)]=1 \end{matrix} \quad (6\text{-}7)$$

式中，S_{ij}^{T} 为 T 时刻元胞 ij 的状态，S_{ij}^{T+1} 为 T＋1 时刻元胞 ij 的状态，P_{ij} 为元胞 ij 的开发概率，Max 为区域内发展概率最高的元胞集合，U_1 为新增城镇用地占用耕地元胞数，U_2 为新增城镇用地占用其他用地元胞数，con（ ）为条件函数。

6.1.3　耦合城市空间发展异质性管控

应用 CA 进行城市空间增长模拟时，需要将地理空间发展的差异性和不均衡性考虑进元胞自动机转换规则的制定中。城市空间发展异质性管控，即严格依据相关规划和发展战略，"有重点""分层次"地进行开发建设，优化城市用地布局结构，避免散乱或蔓延式的城镇空间发展模式，可描述为：

$$\varphi_{ij}=\sum_{k=1}^{n}\{\text{con}(h_{ij}^{k})\times\lambda^{k}\} \quad \lambda^{k}\in(0,1) \quad \varphi_{ij}\in[0,1] \quad (6\text{-}8)$$

式中，φ_{ij} 用于判断元胞 ij 受差别化政策的影响程度；$\text{con}(h_{ij}^{k})$ 为一个条件函数，元胞 ij 受到差别化政策 h^k 的影响，则返回 1，否则返回 0；λ^k 为差别化政策 h^k 的权重。

6.1.4　耦合城市空间分区管控

城市空间增长需要考虑宏观的土地空间利用政策。土地利用分区管控，即制定土地空间管制措施，设立禁止开发区、限制开发区、优先开发区和重点开发区，各主体功能区内实行分类管理的区域政策：对优先开发区实行严格的建设用地增量控制，重点开发区在保证基本农田面积不减少的前提下进行适当扩张，限制开发区和禁止开发区内严禁生态用地改变用途。综合四类主体功能区特征，为保护基本农田和生态用地，划分限制开发建设区和允许开发建设区，用数学语言描述为：

$$Q_{ij}=\begin{cases} 1 & \text{If } S_{ij} \text{ is permitted} \\ 0 & \text{If } S_{ij} \text{ is prohibited} \end{cases} \quad （6\text{-}9）$$

式中，Q 为判断函数，当元胞 ij 位于限制开发建设区内时，$Q=0$，不能发展为城镇用地；当元胞 ij 位于允许开发建设区时，$Q=1$，允许发展为城镇用地。

综上所述，通过将土地异质性管控和土地利用分区管控进行量化和空间化，实现对元胞转换概率 P_{ij} 的修正，得到不同管控效应下的最终转换概率，同时根据城市空间增长数量管控确定 CA 模型的迭代终止条件，开展耦合管控效应的城市空间多情景模拟与政策分析。

6.1.5 研究区域与数据来源

江夏区是武汉市六个远城区之一，地处 114° 01′ E ～ 114° 35′ E、29° 58′ N ～ 30° 32′ N 之间，全区土地总面积约为 2018km²。江夏区北部紧邻武汉市东湖高新技术开发和洪山区，南通咸宁市、嘉鱼县，东面通过梁子湖与大冶市、鄂州市接壤，西边与武汉市汉南区和蔡甸区隔江相望。实验数据主要采用 2007 年和 2011 年武汉市江夏区土地利用现状图，根据本文研究需要将土地利用类型归并为城镇用地、耕地、园地、林地和水体五类，并统一处理为 200mm×200mm 的栅格数据。同时，本研究还采用了《武汉市江夏区土地利用总体规划（2006 ～ 2020 年）》、城镇发展中心和交通路网等数据，图 6-1 为武汉市江夏区土地利用现状图。

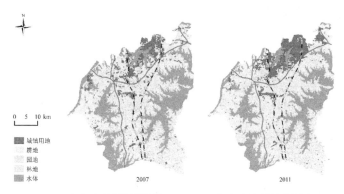

（a）土地利用现状图 2007　　（b）土地利用现状图 2011

图 6-1 武汉市江夏区土地利用现状图

武汉市江夏区空间数据如表 6-2 所示。

武汉市江夏区空间数据　　　　　　　表 6-2

空间变量	数据	空间变量	数据
一级镇距离		铁路距离	
二级镇距离		主干道距离	
三级镇距离		高速公路距离	
四级镇距离		区中心距离	

6.2　城市空间演化管控政策的情景构建与耦合模拟

6.2.1　政策释义与情景构建

近年来，江夏区大力推进新型城镇化建设，实施"工业强区、工业兴区"战

略，经济发展迅速、人口集聚迅猛。2010 年末江夏区完成地区生产总值 236.47
亿元，比上年增长 16.1%，全年全社会固定资产投资 183.24 亿元，比上年增长
33.1%。高度集聚的人口和经济活动让人地矛盾日益激烈，土地开发利用与生态
环境保护之间的冲突显著加剧。2007 ～ 2011 年，江夏区城镇扩展迅速，导致农
用地和水体面积锐减，带来一系列城市问题，主要表现为：城镇建设用地呈蔓延
式扩张，大量城镇边缘的优质耕地被占用；城镇增长模式以低效外延式为主，土
地利用效率低下，土地利用集约节约度较低；城镇用地的无序扩张导致生态环境
质量下降，具有生态和生产功能的水田和水体遭到破坏等。过度的城镇用地扩张
和土地开发会给环境和生态系统带来巨大的压力，也对居民的生活安全和健康造
成了影响。因此，协调土地利用开发和生态环境保护的矛盾，是区域发展战略和
土地管理工作中的重要课题。为因地制宜地确定区域发展目标，需要对土地政策
的管控效应和生态价值进行综合评估，为土地管理和区域规划的定量决策提供科
学依据，图 6-2 为 2007 ～ 2011 年江夏区城镇扩展空间分布。

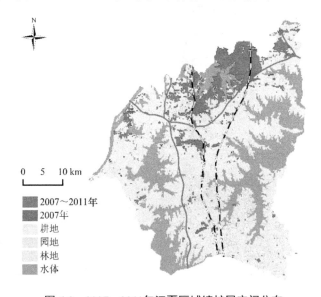

图 6-2　2007～2011年江夏区城镇扩展空间分布

　　为缓解生态环境压力，全面剖析土地政策对城市空间格局演变和生态环境效
应的影响，本研究以《武汉市江夏区土地利用总体规划（2006 ～ 2020 年）》及
《武汉市土地利用总体规划（2010 ～ 2020 年）》中所制定的未来城市用地空间布
局和结构为对象，并结合区域发展规划及江夏区政府出台的相关政策，设定了 A、

B、C、ABC 和 O 五种情景。其中，情景 A 为实施严格的城市扩展数量管控，情景 B 为土地差别化管控，情景 C 为进行土地利用分区管控，情景 ABC 为同时使用三种政策，情景 O 为不使用任何政策管控，作为对照模式，如表 6-3 所示。其中，新增城镇用地规模等指标值为土地利用总体规划指标分解得到，并作为模型迭代和更新的控制条件；基本农田保护区为《武汉市江夏区土地利用总体规划图（2006～2020 年）》中划定的基本农田集中区，其主要分布于江夏区的中部和南部；"依托主城、确保中心、重点发展、逐步推进"为《武汉市城市总体规划（2009～2020 年）》中制定的江夏区发展战略及区域功能定位，"依托主城"是指江夏区与其他独立发展的城市有所不同，其发展主要受主城区的吸引作用；"确保中心"即将纸坊新城作为江夏区未来发展的一个中心；确立"三区两轴"的集聚轴向式的空间结构，"两轴"即沪蓉线经济发展轴和京广线经济发展轴，"三区"是指将沪蓉线沿线城镇及城北地区作为北部片，京广线中部矿业带为中部片，南部农业综合开发区为南部片；"重点发展，逐步推进"即以北部片为发展的重要对象，同时严格控制新增城镇用地，逐步推进城镇扩张过程。

政策管控情景设定　　　　　　　　　　　　　表 6-3

情景设置	政策描述
情景 A	按照《武汉市江夏区土地利用总体规划（2006～2020年）》，为实现2020年规划目标，新增城镇用地规模不得多于2450 hm^2，新增城镇用地占用耕地规模不得多于1634 hm^2
情景 B	实施"依托主城、确保中心、重点发展、逐步推进"的发展战略，以武汉市主城区为依托，将纸坊新城作为发展中心，确立"三区两轴"的集聚轴向式的空间结构
情景 C	制定土地空间管制措施，保护基本农田和生态功能区，将基本农田保护区和水体设为限制开发建设区，限制开发建设区内的元胞不允许发展为城镇用地
情景 ABC	同时使用情景A、情景B和情景C中的政策管控方案
情景 O	不使用政策管控方案，按现势状况下的发展趋势进行城市用地扩张

6.2.2　城市增长多情景模拟

基于上述约束性 CA 模型，分别按情景 A、情景 B、情景 C、情景 ABC 和情景 O，对武汉市江夏区 2020 年城镇建设用地空间布局进行模拟，并对各情景下的模拟结果计算其景观格局指数，迭代次数设置为 2020－2011＝9 次，每次迭代转换元胞数相等。情景 A 和情景 ABC 中，新增城镇用地元胞数为 612 个，其中，新增城镇用地占用耕地元胞数为 408 个，新增城镇用地占用其他用地元胞数为 204 个；情景 B、情景 C 和情景 O 中，新增城镇用地元胞数为 3096 个。

模拟结果显示（表 6-4），研究区在不同情景下城镇扩展呈现出空间相异的扩张格局，情景 A 和情景 ABC 中，江夏区城镇扩展主要发生于北部的纸坊新城区及靠近主城区的黄家湖，城镇扩展速度较为缓慢；其中，情景 A 中城镇向外呈跳跃式扩张，新增城镇用地分布凌乱而分散；情景 ABC 中城镇扩展以内填式为主，城市形态更为紧凑；两种情景中具有生产和生态功能的基本农田和水体都未被破坏；情景 B、情景 C 和情景 O 中，江夏区城镇扩展迅速，东北部的流芳及豹澥向东南方向扩张明显，纸坊城区向四周呈发散状扩张，靠近主城区的黄家湖发展较快，并不断向南拓展；其中，情景 B 以蔓延式和内填式扩张模式为主，情景 C 和情景 O 以蔓延式和跳跃式为主；情景 B 和情景 O 中，大量的水体及少量的基本农田转为城镇建设用地，北部的汤逊湖几乎全部被占用，情景 C 中水体和基本农田得到了很好的保护。

各情景土地利用结构（km²）　　　　　　　　　　表 6-4

用地类型	2007 年	2011 年	情景 ABC	情景 A	情景 B	情景 C	情景 O
水体	610	544	544	538	502	544	507
耕地	1062	1155	1139	1139	1086	1052	1083
林地	186	90	83	88	79	73	78
城镇用地	124	181	206	206	305	305	305
园地	34	46	44	45	44	42	43

6.3　城市空间演化管控政策的多情景对比与政策分析

6.3.1　空间布局

从土地利用结构及其空间布局来看，2007 ～ 2011 年时间段研究区内基本用地特征变化不大，耕地和水体均占很大比重，生态用地的不断减少和城镇用地的迅速增加是研究区土地利用变化的突出表现；相比于初始土地利用格局，各情景下城镇用地数量均有一定幅度的增长，非城镇用地数量都有减少，但在不同情景下的城镇用地增长呈现出一定的差异；情景 A 中城镇扩展速度缓慢，蔓延式的扩展模式得到了明显的抑制，同时水体的面积基本保持不变，这表明城镇空间数量管控一方面可以提高土地利用效率和集约节约程度，另一方面也可以保护生态用地和资源环境。情景 B 中城镇扩展速度较快，城镇用地布局较为紧凑合理，跳跃式扩展大幅度减少，取而代之的是内填式扩展，这表明土地异质性管控可以优化城市用地布局结构，避免散乱的城市空间发展模式。情景 C 中，水体面积不再减小，城镇用地增长主要来源于耕地，而情景 B 和情景 O 中水体面积大幅下降，这表明土地利用分区管控有利于保护生态用地和资源环境；情景 ABC 中，土地利用结构与情景 A 大体一致，但其城市发展布局更趋于合理，填充式扩展是城市增长的主要方式，新增城镇用地集中于城市中心区。

6.3.2　景观类型格局

通过对景观类型格局指数变化分析可知（表 6-5），2007 ～ 2011 年研究区内城镇用地斑块数目（NP）和斑块密度（PD）略有增加，最大斑块面积占景观面积的比例（LPI）有所增加，景观形状指数（LSI）变小，这主要是因为城市建设用地不断增加，原有建设用地之间的其他类型斑块转变成建设用地，使建设用地斑块数增加而斑块面积增大，且斑块形状越来越规则；各情景下（除情景 C 外）城镇用地斑块数目均趋于稳定，而情景 C 中城镇用地斑块数最小，最大斑块面积较其他情景大，但其耕地斑块大幅减少，耕地最大斑块面积较其他情景小，这表明耕地在向建设用地转化过程中，原有的斑块被分割，景观破碎化程度增大，因此土地利用分区管控有利于城镇用地的连片发展，但也可能带来其他类型斑块破碎化加剧等风险。情景 B 中城镇用地斑块的景观形状指数 LSI 最小，这表明土地异质性管控有助于优化城镇用地布局结构，使得城市发展更为紧凑合理，城市形态更为规整。研究时段内水体的斑块数目有所增加，最大斑块面积变小，形状指数稍有降幅，这主要是由于研究区内较小面积的水体斑块被侵占，而较大面积的斑块则保留下来；林地的斑块数大幅下降，最大斑块面积略有增加，而林地斑块的形状指数呈下降趋势，这既与林地变化受自然演替规律影响有较大关系，也与研究区内林地分布散乱，较为破碎化有关；尽管研究区北部频繁的城市开发将城市边缘的耕地和园地侵占，但耕地和园地的斑块数量并未减少，最大斑块面积略有增幅，形状更为规整，这主要与南部区林地的演替变化和细碎斑块的湮灭相关。

景观类型格局指数变化　　　　　　　　表 6-5

指数 / 类型		城镇用地	耕地	水体	林地	园地
NP	2007 年	189	143	234	702	240
	2011 年	253	262	244	516	485
	情景 A	281	290	259	513	480
	情景 B	268	260	254	520	474
	情景 C	240	270	244	502	466
	情景 ABC	260	267	245	514	476
	情景 O	275	262	259	514	469
PD	2007 年	0.0937	0.0709	0.1161	0.3482	0.119
	2011 年	0.1255	0.13	0.121	0.2559	0.2406
	情景 A	0.1394	0.1438	0.1285	0.2545	0.2381
	情景 B	0.1329	0.129	0.126	0.2579	0.2351
	情景 C	0.119	0.1339	0.121	0.249	0.2311
	情景 ABC	0.129	0.1324	0.1215	0.255	0.2361
	情景 O	0.1364	0.13	0.1285	0.255	0.2326
LPI	2007 年	1.8829	51.2956	13.2019	0.4643	0.1171
	2011 年	3.7459	53.1745	11.8348	0.5139	0.1409
	情景 A	4.3133	49.9901	11.8348	0.494	0.1071
	情景 B	13.1622	48.7877	11.8348	0.2897	0.0833
	情景 C	13.1284	47.8453	11.8348	0.2123	0.0556
	情景 ABC	4.1744	52.8749	11.8348	0.4008	0.1032
	情景 O	12.1186	48.8869	11.8348	0.2758	0.0635
LSI	2007 年	17.5	30.0092	19.9718	36.7299	17.661
	2011 年	13.5037	23.1794	16.5855	22.7684	22.5294
	情景 A	13.3889	23.2189	16.8233	22.7979	22.2941
	情景 B	9.7029	22.7818	15.9822	23.2472	22.194
	情景 C	10.7371	22.5354	16.5855	22.8488	22.1061
	情景 ABC	12.9082	23.0592	16.5598	22.9891	22.1176
	情景 O	10.1371	22.7394	16.1327	22.9888	22.3636

根据景观整体格局指数计算结果可知（表 6-6），2007 ～ 2011 年，江夏区景观斑块个数和斑块密度明显增大，斑块平均面积减小，景观形状指数变小，表明区域景观破碎度上升，但斑块形态复杂度有所降低。与 2011 年土地利用格局相比，五种情景下的 LPI 指数均有所下降，表明在城镇化发展过程中，土地利用政策不能扭转景观斑块面积不断变小的趋势，但与其他三个情景相比，情景 A 和情景 ABC 的最大斑块所占景观面积比例下降幅度较小，表明城市空间数量管控可以减小人类活动对景观生态的破坏程度；从景观破碎度指标上看，情景 B、情景 C 和情景 ABC 的 NP 和 PD 指数上升趋势得到抑制，表明异质性管控和土地利用分区管控在一定程度上都可以缓解景观破碎度的上升趋势，但情景 C 中斑块数量最少，城镇用地最大斑块面积较其他情景大，而耕地最大斑块面积较其他情景小，这表明土地利用分区管控在抑制城镇用地景观破碎化方面具有绝对的优势，但同时也会导致其他类型斑块的景观破碎化加剧；从景观形状指标 LSI 的变化来看，情景 B 相比于其他四种情景，斑块形状最为规则，表明土地异质性管控有利于改善景观斑块形态，使得斑块形状更为规整；而情景 O 中不采用任何政策管控手段下 LSI 指数较情景 A 和情景 C 小，说明人类活动等人为干扰因素在一定程度上加剧了景观形态的复杂程度；同时使用三种政策（情景 ABC）时，LPI 指标较单一政策都要好，表明三种空间管控政策在保护优势斑块方面具有协同效应，同时使用效果更好；但 NP 和 LSI 指标并非最优，这表明三种政策同时使用并没有在遏制景观破碎化方面发挥协同效应，一方面是由于城市空间数量管控下的新增城镇用地过少，导致实施土地异质性管控和土地利用分区管控所带来的生态效应有限；另一方面也是由于三种政策之间并没有相互协调、相互融合，导致整体发挥的效果反而不如局部，图 6-3 为 2020 年武汉市江夏区城镇扩展景观模拟。

景观整体格局指数结果　　　　　　　　　　　　表 6-6

指标类型	2007 年	2011 年	情景 ABC	情景 A	情景 B	情景 C	情景 O
NP	1508	1760	1762	1823	1776	1722	1779
PD	0.748	0.873	0.874	0.9042	0.8809	0.8541	0.8824
LPI	51.2956	53.1745	52.8749	49.9901	48.7877	47.8453	48.8869
LSI	26.2189	20.1189	19.97	20.1833	19.1056	19.2611	19.1922

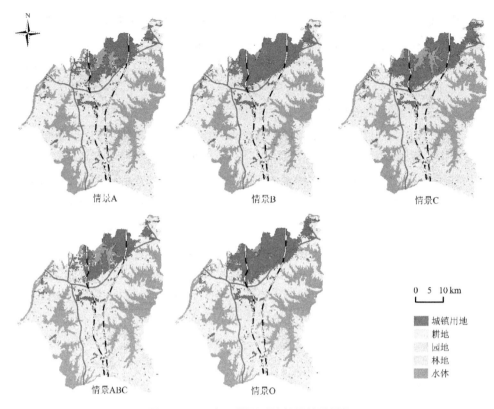

情景A　　　　情景B　　　　情景C

情景ABC　　　　情景O

0　5　10km

城镇川地
耕地
园地
林地
水体

图 6-3　2020年江夏区城镇扩展情景模拟

6.3.3　政策比对

　　综合分析土地利用效益和生态效益，认为：城市空间规模控制仍应成为今后一段时期内城市空间演化调控的主要手段；实施城市空间数量管控既有利于减缓城市化速率，提高土地利用效率，加强土地利用集约节约程度，又可以保护区域内的优势斑块，减少人类活动对生态景观的破坏。其次，在促进城镇化健康发展和保护生态环境过程中，要将土地利用分区管控作为一个重要手段；切实保护各类重要生态用地，科学划定功能区范围，可以促进城镇用地的连片发展，同时保护生态环境资源等。最后，在增量和总量控制下，各城镇和区域依据自身特点和发展战略在各主体功能区范围内实行异质性的区域开发建设；异质性管控有助于优化土地利用布局结构，让城市空间布局更为紧凑，同时在改善城市景观形态，让景观斑块更为规整等方面具有重要的作用。

6.4　小结

在利用城市扩展模拟辅助土地利用规划和城市规划决策时，不能局限于根据土地利用历史数据，挖掘城市空间发展规律，从而对未来城市用地空间布局进行模拟与分析，而应该结合土地政策来构建 CA 模型转换规则，分析宏观政策对城市增长的作用机制及其效应，使研究结果更具适用性。传统对于城市空间管控政策的评价主要是通过选取特征指标对政策实施前后的情况进行对比分析，具有时间滞后性、范围有限性和适用局限性等缺陷。本书将研究相对成熟的城市增长 CA 模型与城市空间管控政策实证分析相结合，有效规避了单一采用模型法和实证分析法的不足，能够科学地评估和预测土地利用政策实施效果，识别可能发生的生态风险。由于地域时空差异及区域功能定位等因素，同一城市空间管控政策在不同地区实施后可能产生不一样的政策效应。

本章参考文献

［1］宁越敏．中国城市化特点、问题及治理．南京社会科学，2012．

［2］Wang HJ, He QQ, Liu XJ, et al. Global urbanization research from 1991 to 2009: A systematic research review. Landscape and Urban Planning, 2012, 104(3-4): 299-309.

［3］Liu YB. Exploring the relationship between urbanization and energy consumption in China using ARDL and FDM. Energy, 2009, 34(11): 1846-1854.

［4］孙平军，修春亮．中国城市空间扩展研究进展．地域研究与开发，2014，33（4）：46-52．

［5］卓莉，李强，史培军，等．20 世纪 90 年代中国城市用地外延扩展特征分析．中山：中山大学学报（自然科学版），2007，46（3）：98-102．

［6］鄙晓雯，刘涛，曹广忠．都市区与非都市区城镇用地扩张的驱动力研究——以长三角地区为例．人文地理，2012，27（4）：88-93．

［7］匡文慧，刘纪远，邵全琴，等．区域尺度城市增长时空动态模型及其应用．地理学报，2011，66（2）：178-188．

［8］Li J, Dong S, Li Z, et al. A bibliometric analysis of Chinese ecological and environmental research on urbanization. Journal of Resources and Ecology, 2014, 5(3): 211-221.

［9］陈利顶，孙然好，刘海莲．城市景观格局演变的生态环境效应研究进展．生态学报，2013，33（4）：1042-1050．

［10］吴健生，冯喆，高阳，等．基于 DLS 模型的城市土地政策生态效应研究——以深圳市为例．地理学报，2014，69（11）：1673-1682．

［11］黎夏，叶嘉安，刘小平，等．地理模拟系统：元胞自动机与多智能体．北京：科学出版社，2007.

［12］周成虎，孙战利，谢一春．地理元胞自动机研究．北京：科学出版社，1999.

［13］He CY, Zhao YY, Tian J, et al. Modeling the urban landscape dynamics in a megalopolitan cluster area by incorporating a gravitational field model with cellular automata. Landscape and Urban Planning, 2013, 113: 78-89.

［14］刘小平，黎夏，陈逸敏，等．基于多智能体的居住区位空间选择模型．地理学报，2010，65（6）：695-707.

［15］王海军，贺三维，张文婷．利用地图代数和数据场拓展元胞自动机理论．武汉：武汉大学学报（信息科学版），2010，35（12）：1474-1477.

［16］冯徽徽，刘慧平，周彬学，等．SLEUTH 模型的参数行为研究．地理与地理信息科学，2010，28（6）：39-43.

［17］杨勇，任志远，李开宇．基于 GIS 的西安城市扩展与模拟研究．人文地理，2010，2：95-98.

［18］舒帮荣，刘友兆，张鸿辉，等．集成变权与约束性模糊 CA 的城镇用地扩张情景模拟．武汉：武汉大学学报（信息科学版），2013，38（4）：498-503.

［19］王海军，张文婷，贺三维，等．利用元胞自动机和模糊 C 均值进行图像分割．武汉：武汉大学学报（信息科学版），2010，35（11）：1288-1291.

［20］He QQ, Dai L, Zhang WT, Wang HJ, et al. An unsupervised classifier for remote-sensing imagery based on improved cellular automata. International Journal of Remote Sensing, 2013, 34(21): 7821-7837.

［21］王海军，张文婷，陈莹莹，等．利用元胞自动机作用域构建林火蔓延模型．武汉：武汉大学学报（信息科学版），2010，36（5）：575-581.

［22］何春阳，史培军，陈晋，等．北京地区土地利用／覆盖变化研究．地理研究，2001，20（6）：679-687.

［23］Zhao Y, Cui B, Murayama Y. Characteristics of neighborhood interaction in urban land-use changes: a comparative study between three metropolitan areas of Japan. Journal of Geographical Sciences, 2011, 21(1): 65-78.

［24］龚建周，曹紫薇，陈康林，等．基于元胞自动机模型的广州市用地变化模拟研究．广州：广州大学学报：自然科学版，2013，12（6）：78-85.

［25］杨云丽，陈振杰，周琛，等．多情景土地利用模拟结果差异性评估方法研究．地理与地理信息科学，2014，30（5）：83-87.

［26］Sun J, Zhang L, Peng C, et al. CA-based urban land use prediction model: a case study on orange county, Florida, US. Journal of Transportation Systems Engineering and Information Technology, 2012, 12(6): 85-92.

［27］Tobler W R. A computer movie simulating urban growth in the Detroit region. Economic geography, 1970, 46: 234-240.

[28] Couclelis H. Cellular worlds: a framework for modeling micro-macro dynamics. Environment and planning A, 1985, 17(5): 585-596.

[29] Couclelis H. From cellular automata to urban models: new principles for model development and implementation. Environment and Planning B, 1997, 24: 165-174.

[30] White R, Engelen G. Cellular Automata and Fractal Urban Form: A Cellular Modeling APP roach to the Evolution of Urban Land Use Patterns. Environment and Planning A, 1993, 25: 1175-1189.

[31] White R, Engelen G. Cellular Automata as the Basis of Integrated Dynamic Regional Modeling. Environment and Planning B, 1997, 24: 235-246.

[32] Batty M, Xie Y. Modeling inside GIS: Part2. Seleeting and Calibrating Urban Models Using ARC/INFO. International Journal of Geographical Information Systems, 1994, 8: 451-470.

[33] Clarke KC, Hoppen S, Gaydos LJ. A Self-Modeling Cellular Automaton Model of Historical Urbanization in the San Franeiseo Bay Area. Environment and Planning B, 1997, 24: 247-261.

[34] Takeyama M, Couelelis H. Map dynamics: Integrating Cellular Automata and GIS through Geo-algebra. International Journal of Geographical Information Seienee, 1997, 11(l): 73-91.

[35] WuF. SimLand: A Prototype to simulate Land Conversion through the Integrated GIS and CA with AHP-Derived Transition Rules. International Journal of Geographical Information Seienee, 1998, 12: 63-82.

[36] Sun Z, Deal B, Pallathucheril V G. The land-use evolution and impact assessment model: a comprehensive urban planning support system. Urisa Journal, 2009, 21(1): 57-68.

[37] 刘小平，黎夏，艾彬，等．基于多智能体的土地利用模拟与规划模型．地理学报，2006，61（10），1101-1112.

[38] 杨俊，解鹏，席建超，等．基于元胞自动机模型的土地利用变化模拟——以大连经济技术开发区为例．地理学报，2015，70（3）：461-474.

[39] 黎夏，叶嘉安．约束性单元自动演化以模型及可持续城市发展形态的模拟．地理学报，1999，54（4）：289-298.

[40] 杨青生，黎夏．珠三角中心镇城市化对区域城市空间结构的影响——基于 CA 的模拟和分析．人文地理，2007，2：87-91.

[41] Geertman S, Hagoort M, Ottens H. Spatial-temporal specificneighborhood rules for cellular automata land-use modeling. International Journal Of Geographical Information Science, 2007, 21(5): 547-568.

[42] 马世发，艾彬，欧金沛．约束性 CA 在城乡建设用地指标空间化中的应用．地球信息科学学报，2013，33（10）：1246-1250.

[43] 龙瀛，韩昊英，毛其智．利用约束性 CA 制定城市增长边界．地理学报，2009，64（8）：999-1008.

［44］黎夏，叶嘉安．基于神经网络的单元自动机 CA 及真实和优化的城市模拟．地理学报，2002，57（2）：159-166.

［45］He C, Okada N, Zhang Q, et al. Modelling dynamic urban expansion processes incorporating a potential model with cellular automata. Landscape and Urban Planning, 2008, 86(1): 79-91.

［46］Yang J, Wang Z, Yang D, et al. Ecological risk assessment of genetically modified crops based on cellular automata modeling. Biotechnology Advances, 2009, 27(6): 1132-1136.

［47］Jokar Arsanjani J, Helbich M, Kainz W, et al. Integration of logistic regression, Markov chain and cellular automata models to simulate urban expansion. International Journal of Applied Earth Observation and Geo-information, 2013, 21: 265-275.

［48］马世发，艾琳，念沛豪．基于约束性 CA 的土地利用规划预评估及警情探测．地理与地理科学信息，2014，30（4）：52-54.

［49］何春阳，陈晋，史培军，等．大都市区城市扩展模型——以北京城市扩展模拟为例．地理学报，2003，58（2）：294-304.

［50］龙瀛，沈振江，毛其智，等．基于约束性 CA 方法的北京城市形态情景分析．地理学报，2010，65（6）：644-655.

［51］邓羽．城市空间扩展的自组织特征与规划管控效应评估——以北京市为例．地理研究，2016，35（2）：353-362.

第7章 生态优先导向下城市空间演化的 情景模拟与调控

2030 年全球城市建设用地预计将增长至 21 世纪之初的 3 倍。城市的无序蔓延使城市周边的生态系统结构和功能遭到严重破坏，引致了大量资源环境问题。快速城镇化过程引发了巨量的城市扩张，仅 1990 ～ 2012 年间建设用地总面积由 13148 km² 增至 35633 km²。2020 年我国内地城镇化水平超过 60%，预测 2035 年我国内地城镇化水平将达到 70%，由此又将引发新一轮的城市扩张。城市建成区占据了 80% 的碳排放、60% 的居民用水以及 80% 的工业树木原料，将对区域生态结构与功能带来重要影响，例如土地退化、农田锐减、森林消减等。因此，为了有效应对与减缓生态环境问题，保障可持续发展，许多政策工具被相继提出并付诸应用。

当前主要管控政策均是试图以更加准确的"需求预测"来优化城市与区域空间增长，进而试图减缓与解决已经严重的生态环境问题。基于需求导向的规划管控手段主要存在以下三类问题，一是需求容易虚高：以人口规模预测为例，人口的数量与空间分布是上级政府（地级市、省或者中央）进行基础设施投资、社会福利分配和转移支付的重要参考，地方政府则故意夸大或者缩小人口增长趋势，从而影响政府的最优决策和政策安排。二是需求极易发生变化，城市空间增长不会严格地按照既定发展规律与潜力演化，政府可能根据新的发展需求对城市发展方向与重点发展区域进行调整。三是从需求侧出发往往对生态环境忽视导致新的蔓延与景观破碎。近年来，瞄准"生态问题"导向的相关研究层出不穷，主要集中在城镇化过程对生态的影响效应评测与预测，城市化对碳汇、生境、水源涵养等生态系统功能和服务的负面影响被学界所广泛认知。面向城市空间发展情景，耦合模型的研发是消除城市空间增长和生态保护规划"两张皮"的根本途径，耦合"生态问题"与"增长需求"的城市空间增长优化模拟研究亟待深化。因此，在对政策绩效系统认知和城市空间增长情景模拟与政策评析的基础上，本章对生态优先导向下城市空间演化模拟与优化调控政策方案进行探索。

7.1　生态优先导向下城市空间演化情景模拟方法构建

7.1.1　生态优先导向下城市增长模拟方法与情景设置

　　生态系统服务导向下城市空间增长模拟模型的构建思路包括如下步骤：（1）根据对城市空间增长机制的把握，构建城市空间增长的综合影响因素体系，随之构建城市空间增长的空间逻辑斯蒂模型并对其进行实证校验，从而获得下一个时间段的城市空间增长潜力指数与分布格局；（2）根据城市空间增长总规模、年度规模、变化趋势及其组合情况等信息，设定匀速增长、先慢后快、先快后慢以及极速增长四种类型城市空间增长情景；（3）对区域生态系统服务功能的差异化度量与综合认知，根据区域特质主要考虑 NPP、Soil、evaporation 及其组合作为关键需要保护的区域生态系统服务指标；（4）以关键生态系统服务值损失规模最小为总约束，在既定城市发展规模需求条件下，又满足城市空间增长潜力规律的基础上，模拟出多情景的城市空间增长格局，图 7-1 为生态系统服务导向下城市空间增长模拟实施思路。

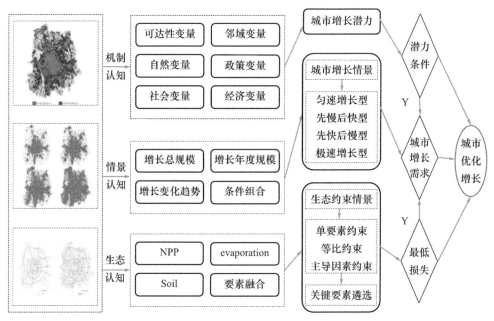

图 7-1　生态系统服务导向下城市空间增长模拟实施思路

本书综合考虑城镇扩张驱动因素（Influencing Factor of Urban Growth），城市空间增长情景（Urban Growth Scenarios）和生态约束（Ecological Constraint Indicators），并耦合于元胞自动机模型（CA）中，构建基于约束性 CA 的城镇用地扩张模拟模型。

（1）元胞及元胞状态

在基于约束性 CA 的城镇用地扩张模型中，采用 GIS 栅格数据表示元胞。每个元胞则被赋予了地理含义，元胞的大小对应于具有一定面积的地块，而研究区域作为元胞空间。元胞的状态即地块的土地利用类型。本文将元胞的状态集合定义为：农用地和建设用地，表达为 $S=\{0,1\}$。

（2）元胞邻域及元胞时间

CA 模型中的邻域概念在地理空间上体现为与中心元胞的邻近空间。本书中采用 7×7 扩展的 Moore 型邻域，邻域内元胞状态共同决定着下一时刻中心元胞的状态。模型中的时间概念用迭代次数来代替，本书的研究时间段为 2000～2010 年，共长 10 年，分 5 次迭代，即设定每次迭代的时间为 2 年。

（3）CA 运行规则

第一步　城市增长潜力约束（potential spatial distribution of urban growth）

影响城市空间增长潜力的主要因素包括：可达性变量、邻域变量、自然因素变量、规划变量以及社会经济变量五大类（reachability, neighborhood, natural factor, planning, and socioeconomic variables）。城市空间增长潜力一般通过逻辑回归分析来获取，可以描述为：

$$S_0 = a_0 + \sum_{i=1}^{k}(D_i \times P_i) \tag{7-1}$$

式中，S_0 为初始土地利用类型值，a_0 为常量，D_i 为影响因素的集合，P_i 为各影响因素的权重值，通过逻辑回归模型的系数来确定，$i=1,2,3,\cdots\cdots,k$。

城市空间增长潜力的计算公式如下：

$$S_0' = \exp(S_0)/(1+\exp(S_0)) \tag{7-2}$$

第二步　城市增长情景约束

本书根据城市空间增长总规模、年度规模、变化趋势及其组合情况等信息，设定匀速增长、先慢后快、先快后慢以及极速增长四种类型城市空间增长情景，将每种情景中的年度增长规模值作为元胞状态更新的指标约束条件。选择区域内城市空间增长潜力最高的元胞进行转换，假设每一次迭代的新增建设用地规模上

限为 n，n 由城市空间增长情景设置而来（见表 7-1），用数学语言可描述为：

$$\mathrm{PU} = P_{ij} \in \mathrm{Max} \cap \mathrm{con}(\mathrm{change} < n) = 1 \tag{7-3}$$

式中，PU 为具有城市发展潜力的元胞集合；P_{ij} 为元胞 ij 的城市增长潜力；Max 为区域内城市增长潜力最高的元胞集合；con 表示一个条件函数，如果条件满足则返回 1，否则返回 0。当新增城镇建设用地小于规定发展情景规模值 n 时，若元胞 ij 的城市增长潜力隶属于 Max，则组成具有城市发展潜力的元胞集合 PU。

第三步　生态约束

对区域生态系统服务功能的差异化度量与综合认知，根据区域特质主要考虑 NPP、Soil、evaporation 及其组合作为关键需保护的区域生态系统服务指标。以关键生态系统服务值损失规模最小为总约束，在既定城市发展规模需求条件下（n），又满足城市空间增长潜力规律的基础上（PU），模拟出生态最优的城市空间增长格局。

$$S_{ij}^{T+1} = \begin{cases} \mathrm{urban} & \text{if} & C_{ij} \in \mathrm{PU} \cap \mathrm{Min}(\sum_n E_{ij}) \\ S_{ij}^{T} & \text{if} & C_{ij} \notin \mathrm{PU} \cap \mathrm{con}(\sum_n E_{ij} < \mathrm{Min}(\sum_n E_{ij})) = 0 \end{cases} \tag{7-4}$$

式中，S_{ij}^{T} 为 T 时刻元胞 ij 的状态，S_{ij}^{T+1} 为 $T+1$ 时刻元胞 ij 的状态，E_{ij} 为元胞 ij 的生态系统服务值，元胞 C_{ij} 为元胞 ij；PU 为具有城市发展潜力的元胞集合；当元胞 C_{ij} 隶属于集合 PU，且元胞 C_{ij} 发展为城镇用地后所损失的生态系统服务值之和最小时，满足条件的元胞 C_{ij} 转变为建设用地，否则元胞状态不发生改变。

城市空间增长情景的设置主要考虑与依据以下条件：（1）城市空间增长总规模的设定来源是研究范围内一定时间段的建设用地实际增长规模；（2）统一分为五次迭代；（3）增长变化趋势主要考虑匀速增长、先慢后快、先快后慢以及极速增长四种变化方式。由此，城市空间增长情景如表 7-1 所示。

城市空间增长情景描述　　　　　　　　　　　　　　　表 7-1

城市空间增长情景	城镇增长分阶段份额				
	第一次迭代	第二次迭代	第三次迭代	第四次迭代	第五次迭代
匀速增长	20%	20%	20%	20%	20%
先慢后快	10%	10%	20%	20%	40%
先快后慢	40%	20%	20%	10%	10%
极速增长	10%	10%	5%	5%	70%

7.1.2　研究区域与数据来源

北京市作为中国的首都，在近 40 年间快速蔓延，形成超大城市，尤其是 2000 ~ 2010 年间空间增长最为迅猛。以北京市为研究对象，提出生态约束情景导向的城市空间增长优化模拟方法，通过特定区域的生态系统功能、服务的差异化度量与综合认知，遴选关键的区域生态系统功能及服务指标，以关键生态系统功能、服务值损失量最小为总约束，同时在兼顾城市空间增长潜力规律的基础上，根据 2000 ~ 2010 年北京市城市空间增长总规模、年度规模、变化趋势等信息设定若干种城市空间增长情景，模拟出主导生态功能最优的不同城市空间增长情景的优化增长格局。北京市城区，即北京城市六环快速路所通过和涵盖的地域作为研究区域，包括首都核心功能区及城市功能拓展区的 6 个建制区，涵盖了通州、昌平和顺义等市辖区的部分区域，共 162 个街道（乡镇）单元。

本书选取天安门作为城市中心；根据北京第二次经济普查年鉴的基本成果，选取北京 CBD 与金融街作为 CBD 区域；朝阳 CBD、亦庄、通州、酒仙桥等作为就业中心；亦庄、石景山、上地、中关村、酒仙桥等作为工业中心。本书所选取的城市道路空间数据是来自《北京城市总体规划（2004 ~ 2020 年）》的道路交通图，并配准到 Google Earth 上数字化得来。为了准确刻画城市全局的可达性，本书亦将全面考虑城市地铁对城市通勤的影响，采用矢栅一体化的可达性量算方法得到从与城市中心的可达性、CBD 的可达性、就业中心的可达性、工业中心的可达性、地铁站点的可达性以及高速可达性 6 个方面的区域综合交通可达性情况。土地利用数据来源于北京市国土资源局 2000 年土地利用变更数据与 2010 年第二次土地利用调查数据。生态系统服务估算数据包括：2000 年 MODIS 卫星 MOD17A3H 年值 NPP 数据集与 2001 年 MOD16A3 年值 ET 数据集，源自美国地质调查局（USGS）；北京市 2000 年降水月值数据，源自中国气象数据网；中国土壤类型图，源自中国科学院资源环境科学数据中心；2000 年 9 月 13 日北京市主城区 Landsat5 影像，条带号 123/32，以及 GDEM 数字高程数据，源自地理数据云。

7.1.3　城市增长模拟指标体系架构

城市空间增长的因变量表征了某一时期的土地利用变化情况。"1" 代表了本时期土地由农用地转变为了建设用地；"0"代表了本时期土地利用类型保持不变。解释变量包括可达性变量、邻域变量、自然因素变量、规划变量以及社会经济变量五大类。其中可达性变量包括与城市中心的可达性、CBD 的可达性、就业中心的可达性、工业中心的可达性、地铁站点的可达性以及高速可达性。邻域变量包括建设用地、农业用地、林业用地及水域用地百分比。自然变量中主要考虑高程对城市扩展的影响，随着高程的增加将增大城市建设的成本与难度。规划变量采用《北京市城市总体规划 2004 ～ 2020 年》对建设限制性分区的基本成果，将研究区域划定为城市建设区与非建设区。社会经济变量包括了人口数量及其变化，以及第二产业、第三产业企业的数量及其变化，如表 7-2 所示。模拟过程中，分辨率采用 100m 格网单元。

模型的指标架构   表 7-2

变量名称			
因变量			
转换概率			
解释变量			
可达性			
与城市中心的距离	与城市中心距离的变化	与 CBD 的距离	与城市 CBD 距离的变化
与就业中心的距离	与就业中心距离的变化	与工业中心的距离	与工业中心距离的变化
与地铁站的距离	与地铁站距离的变化	与高速路的距离	与高速路距离的变化
邻域变量			
邻域建设用地百分比	邻域林业用地百分比	邻域农用地百分比	邻域水域百分比
自然变量			
高程			
规划变量			
城市规划			
社会经济变量			
总人口	人口增长率	企业数量	企业数量变化率
第二产业企业数量	第二产业企业数量变化率	第三产业企业数量	第三产业企业数量变化率

7.1.4　生态约束指标测算

本研究采用 NPP 和 soil retention（SR）两种生态系统服务指标和景观聚集度、破碎度、Evaporation（ET）等生态结构和功能指标表述生态系统在碳循环、水循环、土壤保持过程中的重要意义。采用 Evaporation 生态功能而非 water yield 生态系统服务的原因在于，城市植被越少的地块产水量越高，但植被通过 evaporation 参与水循环，从而降低产水量，对城市径流调蓄实际是更有利的。其中，NPP 和 ET 采用 MODIS 遥感反演产品，土壤保持服务源自 Peng 的估算结果。在图层的使用中，由于产品的 500m～1km 分辨率对城市而言相对较粗，采用 Cubic resample 方法将图层插值为 100m 分辨率。

在生态约束目标函数的构建中，三项生态系统功能或服务指标可以独立使用，也可以叠加使用。本研究将三项生态指标等比叠加，作为生态约束目标函数。为明晰等比叠加的适用性，分别依次将 NPP、SR、ET 按 0.6/0.3/0.1 的权重加权叠加，将单个生态指标 NPP 和 ET、加权叠加指标与等比叠加指标相对比，讨论结果的差异性。

7.2　生态优先导向下城市空间演化模拟情景分析

7.2.1　生态约束下城市增长优化模拟的空间格局

有生态约束的空间增长、无生态约束的空间增长及其前述两者的空间叠加对比，可以看到，有生态约束的空间增长易发生在主城区周围。无约束的空间增长除在主城区紧邻处发生外，还在外围组团建设用地周围大规模成片发生，例如，东北六环的首都国际机场区域、西北六环的昌平新城区域、东南六环的亦庄北京经济技术开发区区域，以及南六环大兴黄庄区域等。

有生态约束的空间增长，与无生态约束的空间增长模拟相比，前者增长明显更为紧凑。通过两者的叠加对比，发现有生态约束的优化增长情景对建成区蔓延的遏制效应更为显著。以上定性判断也可以通过多类景观指数得到印证，采用两类景观指数来分别测度有无生态约束的城市空间扩展形态，结果如图 7-2 所示。有生态约束的斑块破碎度值低至 3.45，而无约束的斑块破碎度值为 3.78，如图 7-2（a）所示。此外，有生态约束的景观集聚度高达 70.6，反观无约束的景观集聚度仅为 67.5，如图 7-2（b）所示。

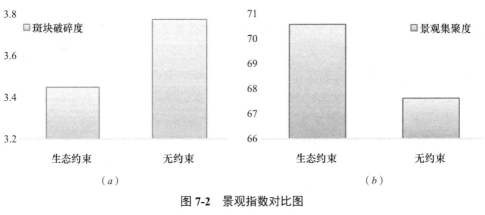

（a）   （b）

图 7-2   景观指数对比图

（a）斑块破碎度；（b）景观集聚度

7.2.2   城市增长多情景模拟的生态系统服务损失演变比对

　　如图 7-3 所示，比较了有无生态约束两种情景下的历次和累积生态损失值差异。有生态约束增长情景下，历次生态损失值分别是 0.5%、0.9%、2.0%、2.8% 和 4.3%，可以看到生态系统服务损失量由低向高逐步变化，即空间增长优化发生在生态值低的区域，而后的空间增长造成的损失才不断转高。无生态约束增长情景下，历次生态损失值分别是 2.0%、2.4%、2.8%、3.0% 和 3.2%，可以看到生态系统服务损失量虽然是缓速增加，但其从增长起始阶段损失值就处于高位。从累积生态损失总规模来看，有生态约束增长情景的生态损失总规模为 10.5%，而无约束增长情景的生态损失总规模达 13.5%，即相同的城市空间增长规模有生态约束情景比后者减少了 3% 的生态损失总量。

7.2.3   城市增长多情景下空间增长格局与生态系统服务损失比对

　　如图 7-4 所示，展示了城市空间增长四类情景匀速增长、先慢后快、先快后慢以及极速增长的空间格局特征与其生态系统服务损失情况对比。根据景观形状指数、平均斑块面积来测度其增长差异，可以看到四类情景的景观形状指数分别为 67.7、67.8、70.6、74.4，而平均斑块面积分别为 29.0、27.3、27.2、26.5。因此，可以看出匀速增长的空间紧凑度效果最佳，先慢后快、先快后慢增长型次之，而极速增长的空间紧凑度效果不尽良好。

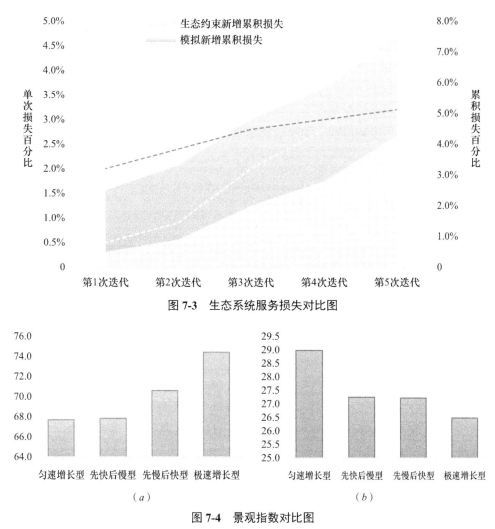

图 7-3　生态系统服务损失对比图

图 7-4　景观指数对比图

（a）景观形状指数；（b）平均斑块面积

　　如图 7-5 所示，比较了不同城市空间增长情景下的历次和累积生态损失值差异。从历次生态损失值来看，匀速增长情景下，历次生态损失值分别是 0.5%、0.9%、2.0%、2.8% 和 4.3%；先慢后快情景下，历次生态损失值分别是 0.2%、0.5%、0.7%、2.1% 和 7.5%；先快后慢情景下，历次生态损失值分别是 1.7%、2.3%、2.9%、2.0% 和 2.2%；极速增长情景下，历次生态损失值分别是 0.2%、0.4%、0.0%、0.0% 和 11.5%。总体来说，不同增长情景的单次损失量不尽相同，一方面源于不同的单次增长规模，另一方面由于单位规模增长带来的生态损失存在差异。一般而言，随着迭代次数的增加，单位规模增长的生态损失值也增长。从累积生态损失值差异来看，生态约束下的城市空间增长四类情景匀速增长、先慢后快、先快后慢、极速增长以及无约束情景的损失总规模分别是10.5%、11.0%、11.1%、12.1%和13.5%。可以看到无约束新增的生态损失量最大，证明了生态约束的优势所在。同在生态约束条件下，可以看出匀速增长的生态损失总量最低，先慢后快、先快后慢增长型次之，而极速增长的生态损失总量最高。

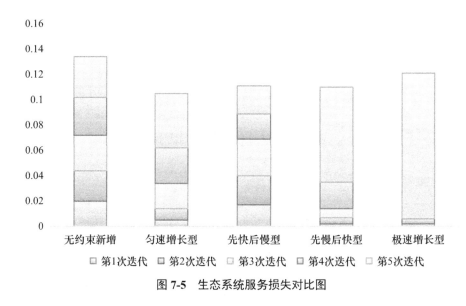

图 7-5 生态系统服务损失对比图

7.3 生态优先导向下城市空间优化调控方案解析

7.3.1 生态优化目标设定讨论

如图 7-6 所示，以匀速增长型情景为例，将本研究所采用的生态指标等比约束方式与 NPP、ET 单个指标以及加权指标做对比。发现单个指标约束不能替代其他指标约束，而加权或等比约束显示出比较相近的演化规律。例如，在等比状态下第 5 次迭代的生态损失量明显上升，所对应的 SR 和 ET 都出现相似的明显增长。在加权状态下第五次迭代的生态损失量明显上升，所对应的 SR 也出现了明显增长。与之对应，如果将 NPP 作为生态损失量，则第 5 次迭代的 NPP 损失明显快于其他指标的损失，ET 作为生态损失量更是在第 3 次迭代时就明显快于其他指标的损失。这一对比说明，当生态约束指标相加后，综合的生态损失量可以大部分反映各个单一生态系统服务 / 功能的损失，而单一指标作为生态损失则不能有效表征其他的生态损失。

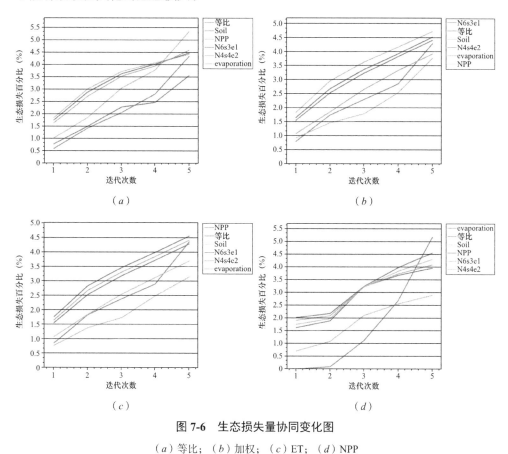

图 7-6 生态损失量协同变化图

（a）等比；（b）加权；（c）ET；（d）NPP

7.3.2 城市空间管控政策讨论

既有城市空间增长管控政策的基本理念在于通过对城市空间增长的精准化预测来解决引导城市空间有序增长与生态环境保护的问题。但是，无论是规模预测、空间预测、综合预测方案乃至目前正在兴起的多规合一，或简或繁的管控方案均依赖需求预测这一基点，却依然无法规避单一"需求侧"预测的怪圈，即一旦预测失误即将带来后续管控政策的失效，由此引发新的城市空间增长与生态环境问题。本书提出的生态优先导向的城市空间增长模拟方法革新了传统忽视生态问题导向、仅注重需求预测导向的城市空间增长管控方案，是破解"生态胁迫"问题导向下的城市空间增长的优化模拟方案。通过生态系统服务总量约束（问题约束）与需求侧（城市空间增长模拟）的耦合目标函数，完成了生态保护与城市空间增长的动态实时模拟，有效解决了上述两者的"两张皮"问题，统筹规划空间红线与增长边界，进而达到空间有序。城市空间规模控制仍应成为今后一段时期内城市空间演化调控的主要手段；实施城市空间数量管控既有利于减缓城市化速率，提高土地利用效率，加强土地利用集约节约程度，又可以保护区域内的优势斑块，减少人类活动对生态景观的破坏。也要注重空间规模管控的实施过程管理，例如，数量管控政策的合理年度计划对空间有序发展有益，而单一年份的飞速发展容易引发空间增长上的无序，图7-7为生态优先管控与传统管控方案对比图。

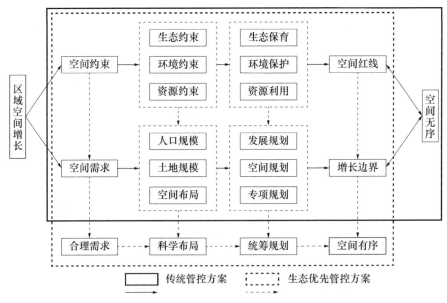

图 7-7　生态优先管控与传统管控方案对比图

需要指出的是，本书提出的生态优先导向的城市空间增长模拟方法，因为其基础数据获取量大，或受制于当前我国规划管理的体制机制问题，不能乐观地认为可以迅速将之推广到相关领域，并彻底改变决策管理方式。但是，生态优先导向的城市空间增长多情景模拟及其生态损失预判，为促进城市空间增长的科学管控与推动其科学化进程提供了重要的方法支撑。建议在试点区域采用对既有规划范式的生态损失评估和生态优先导向的城市空间增长情景模拟，由此完善规划方案并对应调整规划管理体制机制。

7.4　小结

本研究将生态损失作为目标函数，体现了在城市空间增长模拟中将生态损失作为因变量而不是自变量对结果的重要影响，从而服务于城市空间增长管控。鉴于数据的可获得性，本研究在模型参数输入中仍有提升空间。一方面，生态系统服务、功能的遥感估算一般以大尺度研究为主，如何在城市研究中进行降尺度制图仍是值得探讨的技术问题；另一方面，城市空间增长与现行规划政策高度关联，如何合理地将政策进行更细致的空间化，仍然是目前城市模拟中的方法难点。相信随着多源异构空间数据融合方法的不断完善，这些不足可以在未来不久得以有效解决。

面对我国等发展中国家仍在继续的快速城市化进程，在城市空间增长管控研究中有以下三个方面值得进一步强调。第一，扩大空间研究范围。那么，生态系统服务尤其是主导功能的空间异质性识别问题将需解决，即生态功能区划；第二，完善生态系统服务表征方法。约束目标，注重总量规模最优，要兼顾空间结构、格局有序等；第三，基于以上两点，则需要建构大区域尺度城市空间增长与综合生态系统服务耦合模型。

面对生态研究和城市研究考虑问题的不同出发点，提出了耦合"生态问题"与"增长需求"的城市空间增长优化模拟模型，通过关键因子的情景筛选，简化了模型使用难度，弱化了城市规划研究和城市生态研究之间的学科壁垒。研究结果表明，相同的城市空间增长规模在有生态约束情景下比无生态约束减少了3%的生态损失总量，且城市的空间集聚程度大幅增强；在规划时间段内城市匀速增长的生态损失总量最低。本研究的城市空间增长优化模拟思路将为城市空间增长管控政策的制定提供更精确的支持。

本章参考文献

[1] Seto, K.C., Guneralp, B., Hutyra, L.R., Global forecasts of urban expansion to 2030 and direct impacts on biodiversity and carbon pools. Proc. Natl. Acad. Sci. U.S.A, 2012, 109, 16083-16088.

［2］国家统计局. 中国统计年鉴 2017. 北京：中国统计出版社，2017.

［3］国家统计局. 中国统计年鉴 2013. 北京：中国统计出版社，2013.

［4］国家统计局. 中国统计年鉴 2008. 北京：中国统计出版社，2008.

［5］Grimm, N.B., Faeth, S.H., Golubiewski, N.E., Redman, C.L., Wu, J., Bai, X., Briggs, J.M. Global change and the ecology of cities. Science, 2008, 319, 756-760.

［6］Wu, J. Urban sustainability: an inevitable goal of landscape research. Landsc. Ecol, 2010, 25, 1-4.

［7］Chunyang He, Yuanyuan Zhao, Qingxu Huang, Qiaofeng Zhang, Da Zhang. Alternative future analysis for assessing the potential impact of climatechange on urban landscape dynamics. Science of the Total Environment, 2015, 532, 48-60.

［8］Schetke, S., Haase, D., & Kötter, T. Towards sustainable settlement growth: A new multi-criteria assessment for implementing environmental targets into strategic urban planning. Environmental Impact Assessment Review, 2012, 32(1), 195-210.

［9］Hoekstra, A. Y., &Wiedmann, T. O. Humanity's unsustainable environmental footprint. Science, 2014, 344, 1114-1117.

［10］Shifa Ma, Xia Li, Yumei Cai. Delimiting the urban growth boundaries with a modified ant colony optimization model. Computers, Environment and Urban Systems 62, 2017, 146-155.

［11］Peng, J., Liu, Y.X., Liu, Z.C., Yang, Y., Mapping spatial non-stationarity of human natural factors associated with agricultural landscape multifunctionality in Beijing-Tianjin-Hebei region, China. Agric. Ecosyst. Environ, 2017, 246, 221-233.

［12］Xu, G., Huang, X., Zhong, T., Chen, Y., Wu, C., & Jin, Y. Assessment on the effect of city arable land protection under the implementation of China's National General Land Use Plan (2006-2020). Habitat International, 2015, 49, 466-473.

［13］Yan Zhou, Xianjin Huang, Yi Chen, Taiyang Zhong, Guoliang Xu, Jinliao He, Yuting Xu, Hao Meng, The effect of land use planning (2006-2020) on construction land growth in China. Cities, 2017, 68, 37-47.

［14］Sharifi, A., Chiba, Y., Okamoto, K., Yokoyama, S., & Murayama, A. Can master planning control and regulate urban growth in Vientiane, Laos? Landscape and Urban Planning, 2014, 131, 1-13.

［15］Zheng, X. Q., & Lv, L. N. A WOE method for urban growth boundary delineation and its applications to land use planning. International Journal of Geographical Information Science, 2016, 30(4), 691-707.

［16］Venkataraman, M. Analysing urban growth boundary effects on the City of Bengaluru. Economic and Political Weekly, 2014, 49(48), 54-61.

［17］Cai, Y., Zhang, W., Zhao, Y., & Shi, K. Discussion on evolution of land-use planning in China. China City Planning Review, 2009, 18, 32-37.

［18］Yu Deng, Sumeeta Srinivasan. Urban land use change and regional access A case study in

Beijing, China. Habitat International, 2016, 51: 103-113.

[19] Wang, H., Tao, R., Wang, L., & Su, F. Farmland preservation and land development rights trading in Zhejiang, China. Habitat International, 2010, 34(4), 454-463.

[20] Ding, C., & Lichtenberg, E. Land and urban economic growth in China. Journal of Regional Science, 2011, 51(2), 299-317.

[21] Deng Yu. Self-organization characteristics of urban extension and the planning effect evaluation: A case study of Beijing. Geographical Research, 2016, 35(2): 353-362.

[22] Cao, K., Huang, B., Wang, S., & Lin, H. Sustainable land use optimization using boundary-based fast genetic algorithm. Computers, Environment and Urban Systems, 2012, 36(3), 257-269.

[23] Cerreta, M., & De Toro, P. 2012. Urbanization suitability maps: A dynamic spatial decision support system for sustainable land use. Earth System Dynamics, 2012, 3(2), 157-171.

[24] Kiran, G. S., & Joshi, U. B. Estimation of variables explaining urbanization concomitant with land-use change: A spatial approach. International Journal of Remote Sensing, 2013, 34(3), 824-847.

[25] Ruppert Vimala, Ghislain Geniauxb, Pascal Pluvineta, Claude Napoleoneb, Jacques Leparta. Detecting threatened biodiversity by urbanization at regional and local scalesusing an urban sprawl simulation approach: Application on the FrenchMediterranean region. Landscape and Urban Planning, 2012, 104, 343- 355.

[26] McDonald, R. I., Kareiva, P., & Forman, R. T. T. The implications of current and future urbanization for global protected areas and biodiversity conservation. Biological Conservation, 2008, 141(6), 1695-1703.

[27] DeFries, R., Hansen, A., Turner, B. L., Reid, R., & Liu, J. G. Land use change around protected areas: Management to balance human needs and ecological function. Ecological Applications, 2007, 17(4), 1031-1038.

[28] Pittman, J., Armitage, D. Governance across the land-sea interface: a systematic review. Environ. Sci. Policy, 2016, 64, 9-17. http://dx.doi.org/10.1016/j.envsci.2016.05.022.

[29] Zanfi, F. The Città Abusiva in Contemporary Southern Italy: illegal building and prospects for change. Urban Studies, 2013, 50(16), 3428-3445. http://dx.doi.org/10.1177/0042098013484542.

[30] Flannerya, W., Lynchb, K., Cinnéideb, M.O. Consideration of coastal risk in the Irish spatial planning process. Land Use Policy, 2015, 43, 161-169.

[31] Enzo Falco. Protection of coastal areas in Italy: Where do national landscape and urban planning legislation fail?Land Use Policy, 2017, 66, 80-89.

[32] de Gans H A Population Forecasting 1895-1945: The Transition to Modernity. Kluwer, Dordrecht, The Netherlands, 1999.

[33] Long, Y., Gu, Y., & Han, H. Spatiotemporal heterogeneity of urban planning implementation effectiveness: Evidence from five urban master plans of Beijing. Landscape and Urban

Planning, 2012, 108(2), 103-111.

［34］Santé, I., Boullón, M., Crecente, R., & Miranda, D. Algorithm based on simulated annealing for land-use allocation. Computers & Geosciences, 2008, 34(3), 259-268.

［35］傅伯杰，张立伟．土地利用变化与生态系统服务：概念、方法与进展．地理科学进展，2014，33（4）：441-446.

［36］Alberti, M. Modeling the urban ecosystem: a conceptual framework. Environment and Planning B: Planning and Design, 1999, 26: 605-630.

［37］Liu, R.Z., Zhang, K., Zhang, Z.J., Borthwick, A.G.L. Land-use suitability analysis for urban development in Beijing. J. Environ. Manag, 2014, 145, 170-179.

第8章　结论与城市空间调控政策

8.1　主要结论

（1）定量解析典型功能区城市空间更新过程，把握城市空间更新的演进格局、模式、空间组织和影响机制。

居住导向的空间组织模式以站域内居住空间持续扩大、居民数量不断增多为特征，伴随着城乡景观和生活方式的角逐。同时，却往往忽视了产业空间与公共服务设施空间配套建设，加之高密度的人口集聚，大大降低了居住舒适度。产业导向的空间组织模式以站域内产业空间持续扩大、企业数量不断增多、配套基础设施逐步完善为特征。但居住空间与公共服务设施空间建设的时滞性显著，造成了人气不足、土地利用效益低下。开发区空间的演替规律主要以农用地→人工堆掘地→高密度低矮房屋建筑区→高密度多层及以上房屋建筑区或低矮独立房屋建筑区→多层独立房屋建筑区的空间更新模式为主线，影响空间更新因素包括人口、经济、产业升级、政府财力和政策五类。

（2）定量解析典型大都市区城市空间增长过程，把握城市空间增长的基本特征、机理与时空格局，评析当前城市空间增长与管控模式。

城市空间增长密集发生在建成区周围交通可达性优越的区域，随着与城市中心的距离增加，城市增长的概率降低，反映了北京单中心的城市发展模式；受城市规划与交通设施规划失调影响，可达性提升程度越大的区域并不一定带来更高的城市开发概率，严重削弱了交通可达性对城市增长的引导作用；城市空间增长在"面状"空间规划与"点线状"交通基础设施规划引导下呈现出连续性和复杂性并存的自组织特征。前者体现在区位择优发展、临近建成区拓展等规律，后者主要表现为城市空间增长的不完全预知性。基于综合交通可达性的城市增长调控模式强调要以交通设施规划为基础，并合理耦合相关空间性规划，才能有效引导城市空间良性增长并预防规划失效。

（3）构建城市空间演化管控政策的绩效解构方法，定量解构与评析城市增长空间管控政策的实施绩效。

构建了用于阐释城市空间演化的全要素逻辑斯蒂模型，以深圳为例，在定量分析城市空间演化影响因素与驱动机制的基础上，定量把握分空间层级、分类型、分嵌套的空间管控政策绩效。研究时段内深圳"特区"政策空间和城市规划建设分区政策对"特区"空间的管控绩效较为显著，而城市空间增长失序主要集中在"特区"空间以外，源自对市场规律与特区内外"二元土地利用政策"等配套机制设计的把握不足；居住规划对居住用地更新的引导性不显著，这是人口快速增长背景下居民用地将优先布局在可达性优越的区位而居住规划与交通布局规划却严重错位造成的。商业用地更新与交通可达性因子及离地铁站点距离呈正相关关系，体现了商业用地"后续追加型"布局的特点，这表明商业用地更新主要集中在可达性区位优越的区域。工业用地更新仅与工业用地规划呈显著正相关。由于工业用地的特殊属性及其对人居环境带来的可能影响，往往布局在体现政府强制性意志的工业园区；轨道交通与面状规划的综合嵌套将发挥更为显著的正向引导作用。居住用地规划与轨道规划交叠模型中，有轨道交通规划的居住用地的更新概率将提高 18.22 倍。

（4）构建城市空间演化管控政策的耦合模拟方法，定量评析管控政策的多情景对比与政策分析。

构建了基于 CA 模型的耦合多维管控政策的城市空间演化方法，并通过情景模拟得知空间管控政策可以有效缓解城市空间演化过程中伴随的生态用地面积锐减、建设用地利用效率低下及土地利用结构不合理等风险；多维空间管控政策的同时使用可以在保护优势斑块方面产生协同效应，其效果优于政策单独使用，但在遏制景观破碎化和复杂化方面不能发挥单一政策所具有的最大生态效应。

（5）构建生态优化导向城市空间演化情景模拟方法，研制生态优先导向下城市空间优化调控方案。

通过生态系统服务总量约束与需求侧耦合目标函数，构建了生态保护与城市增长的动态实时模拟的生态优化导向城市空间演化情景模拟方法。优化模拟后的城市空间增长方案与格局革新了传统忽视生态问题导向、仅注重需求预测导向的城市空间增长管控方案，有效回应了"生态胁迫"问题。城市空间规模管控仍应成为今后一段时期内城市空间演化调控的主要手段；实施城市空间数量管控既有利于减缓城市化速率，提高土地利用效率，加强土地利用集约节约程度，又可以保护区域内的优势斑块，减少人类活动对生态景观的破坏。也要注重空间规模管

控的实施过程管理，例如数量管控政策的合理年度
单一年份的飞速发展容易引发空间增长上的无序。

8.2 调控城市空间的政策建议与展望

（1）注重空间过程导向，加强空间要素监测。

准确认知城市空间演化过程，有利于把握城市空[间
式，是调控城市空间的基本前提。因此，需注重空间过[
人口、功能等要素及其空间交互进行实时监测。首先，[
分析人口动态集聚的出现、生长、扩张以及消散的日生命[
市社区兴趣点、建筑与用地类型等要素的动态变化监测中，
城市微观动力学演化模式。进而，分析要素空间交互变化，
组之间的空间交互特征以及演化规律，发现城市要素重组规[

（2）注重空间机理导向，提升空间绩效认知。

准确认知城市空间演化机理，有利于把握城市发展规律与
城市空间的基本保障。因此，需注重空间机理导向，提升对城[
政策的绩效认知。城市空间耦合了"市场发展规律"与空间管[
作用，定量把握城市空间演化形成机理有利于对城市空间"多方
深入认识，重点剖析城市发展规律，进而结合控制组实验的外[
谈，从产业链更替、空间利用强度和空间演化形态等维度刻画城[
控政策的空间绩效与响应模式。

（3）注重空间目标导向，强化空间价值坚守。

准确认知城市空间发展目标，有利于构建生态环境友好与可持续
空间，是调控城市空间的基本遵循。因此，需注重空间目标导向，强[
展先进与正确价值观的坚守。城市空间的未来源于价值观的引领与缩[
态环境友好与可持续发展价值观，并运用合理的城市空间调控方案以[
最终目标是运用好规划这一重大政府资源，合理引导各类发展要素在城[
面集聚，科学构建城市空间调控方案来规避生态环境风险，进而形成规[
结构有序、人自和谐的城市空间。